2025 물리

기출문제 해설집

CONTENTS

김영편입 연고대
2025대비 기출문제 해설집

연고대 편입학 특징 5
연고대 편입학 전형정보 6
연고대 편입학 출제경향 분석 18

연세대 편입 기출문제/ 해설

2020 학년도 23
2021 학년도 47
2022 학년도 71
2023 학년도 97
2024 학년도 119

고려대 편입 기출문제/ 해설

2020 학년도 139
2021 학년도 149
2022 학년도 155
2023 학년도 163
2024 학년도 171

연고대 편입 이것은 먼저 알고 준비하자

01 모집인원 감소에도 주요 15개 대학 편입학 모집인원의 20.4% 차지

통합수능으로 인한 교차지원의 증가와 약대 통합 6년제 전환의 여파로 2023학년도 연고대 편입학 모집인원은 역대 최대 규모를 기록했다. 2024학년도 연고대 편입학 전체 모집인원은 700명으로 전년대비 35명 감소하였다. 세부내용을 살펴보면 고려대가 263명으로 전년대비 30%p(114명) 감소하였으며, 반면에 연세대는 전년대비 22.1%p 증가한 437명을 선발하여 두 학교 모두 모집인원의 변동 폭이 다소 크게 나타났다. 두 학교의 편입학 모집인원을 모두 합산한 인원은 전년대비 감소하였으나, 주요 15개 대학의 편입학 전체 모집인원 대비 20.4%에 해당하는 인원으로 연고대가 차지하는 비율은 여전히 큰 편이다.

표 1 2020~2024학년도 연고대 편입학 모집인원 변화

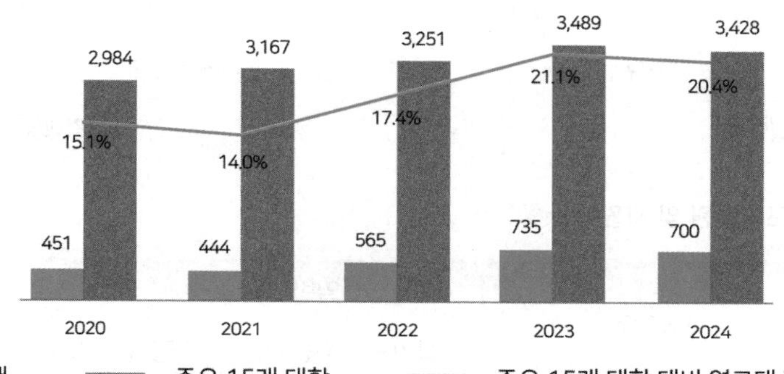

※ 주요 15개 대학 : 건국대, 경희대, 고려대, 동국대, 서강대, 서울대, 서울시립대, 성균관대, 숙명여대, 연세대, 이화여대, 중앙대(서울), 한국외대(서울), 한양대, 홍익대

서울/수도권의 주요대학들이 대부분 편입영어와 편입수학을 통해 편입학 모집을 실시하는 것과 달리 연세대와 고려대의 경우 전공필기, 서류평가, 공인영어, 면접 등 다양한 전형요소를 활용하여 편입생을 선발하고 있다.

표 2 2024학년도 연고대와 주요 15개 대학의 일반 편입학 전형방법 비교(의약학계열 제외)

구분	연세대	고려대	주요 15개 대학
공인영어	지원자격(모집단위별 상이)	–	경희대, 서울시립대, 이화여대(일부)
전공필기	인문계열 : 논술 자연계열 : 전공필기	인문계열 : 논술 자연계열 : 전공필기	이화여대(일부), 중앙대(일부)
편입영수	–	–	○
학업계획서 자기소개서	○	○	건국대, 경희대, 서울시립대, 숙명여대, 이화여대, 중앙대, 한양대
면접	–	간호대학	서울시립대(일부), 성균관대

이처럼 연세대와 고려대는 많은 모집인원 뿐만 아니라 모집단위에 따른 전형방법의 유사성, 일반 편입학으로 지원 가능한 최상위권 대학이라는 점(의약학계열 제외) 등으로 인해 편입학을 준비하는 수험생들이 두 학교를 동시에 준비하는 경우가 많다. 이런 경우 연세대의 지원자격이 되는 공인영어성적은 고려대 지원 시 서류평가에 활용할 수 있으며, 두 학교 모두 동일한 모집단위를 준비하는 경우라면 학업계획서의 항목들이 거의 유사하므로 학업계획서에 대한 준비 시간을 절약할 수 있을 것이다.

연세대 편입학 입시전형을 파헤쳐보자

※ 전체사항 2024학년도 편입학 기준

01 모집인원 및 지원현황

가. 최근 3개년 모집인원 및 경쟁률

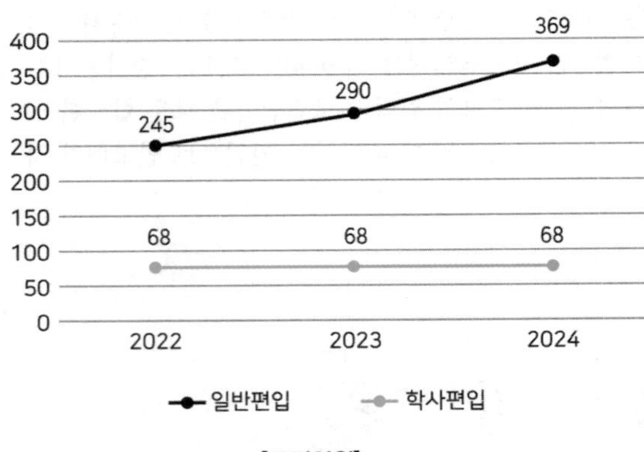

[모집인원]

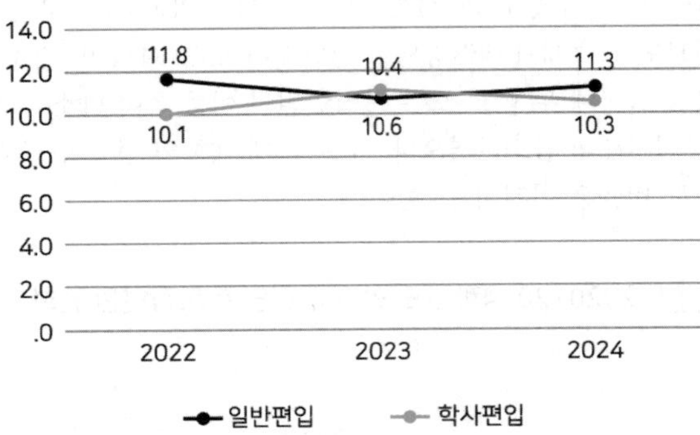

[경쟁률]

나. 2024학년도 전형별 모집인원 및 지원현황

대학	모집단위	일반편입			학사편입		
		모집인원	지원인원	경쟁률	모집인원	지원인원	경쟁률
문과대학	국어국문학과	6	143	23.83 : 1	(8)	28	21.63 : 1
	중어중문학과	3	38	12.67 : 1	(8)	12	21.63 : 1
	영어영문학과	7	101	14.43 : 1	(8)	17	21.63 : 1
	독어독문학과	3	34	11.33 : 1	(8)	6	21.63 : 1
	불어불문학과	2	29	14.50 : 1	(8)	14	21.63 : 1
	노어노문학과	5	15	3.00 : 1	(8)	3	21.63 : 1
	사학과	3	63	21.00 : 1	(8)	23	21.63 : 1
	철학과	2	53	26.50 : 1	(8)	23	21.63 : 1
	문헌정보학과	2	37	18.50 : 1	(8)	13	21.63 : 1
	심리학과	4	114	28.50 : 1	(8)	34	21.63 : 1
상경대학	경제학부	24	173	7.21 : 1	(5)	31	8.00 : 1
	응용통계학과	4	29	7.25 : 1	(5)	9	8.00 : 1
경영대학	경영학과	24	502	20.92 : 1	(6)	105	17.50 : 1
이과대학	수학과	6	196	32.67 : 1	(5)	21	8.00 : 1
	물리학과	3	39	13.00 : 1	(5)	3	8.00 : 1
	화학과	8	112	14.00 : 1	(5)	8	8.00 : 1
	지구시스템과학과	5	49	9.80 : 1	(5)	1	8.00 : 1
	천문우주학과	4	61	15.25 : 1	(5)	5	8.00 : 1
	대기과학과	2	12	6.00 : 1	(5)	2	8.00 : 1

대학	모집단위	일반편입			학사편입		
		모집인원	지원인원	경쟁률	모집인원	지원인원	경쟁률
공과대학	화공생명공학부	14	62	4.43 : 1	(15)	2	2.60 : 1
	전기전자공학부	25	184	7.36 : 1	(15)	14	2.60 : 1
	건축학전공(5년제)	–	–	–	(15)	1	2.60 : 1
	건축공학전공(4년제)	10	55	5.50 : 1	(15)	2	2.60 : 1
	도시공학과	2	20	10.00 : 1	(15)	2	2.60 : 1
	사회환경시스템공학부	11	62	5.64 : 1	(15)	2	2.60 : 1
	기계공학부	19	108	5.68 : 1	(15)	3	2.60 : 1
	신소재공학부	15	58	3.87 : 1	(15)	2	2.60 : 1
	산업공학과	2	56	28.00 : 1	(15)	11	2.60 : 1
생명시스템대학	시스템생물학과	3	41	13.67 : 1	(3)	8	9.33 : 1
	생화학과	6	82	13.67 : 1	(3)	8	9.33 : 1
	생명공학과	9	166	18.44 : 1	(3)	12	9.33 : 1
인공지능융합대학	컴퓨터과학과	–	–	–	(1)	14	14.00 : 1
	인공지능학과	–	–	–	–	–	–
	IT융합공학과	2	56	28.00 : 1	–	–	–
신과대학	신학과	5	66	13.20 : 1	(1)	11	11.00 : 1
사회과학대학	정치외교학과	5	72	14.40 : 1	(6)	22	11.67 : 1
	행정학과	13	162	12.46 : 1	(6)	16	11.67 : 1
	사회복지학과	3	21	7.00 : 1	(6)	7	11.67 : 1
	사회학과	2	25	12.50 : 1	(6)	12	11.67 : 1
	문화인류학과	4	85	21.25 : 1	–	–	–
	언론홍보영상학부	2	24	12.00 : 1	(6)	10	11.67 : 1
음악대학	교회음악과	–	–	–	–	–	–
	성악과	4	103	25.75 : 1	–	–	–
	피아노과	2	33	16.50 : 1	–	–	–
	관현악과	3	36	12.00 : 1	(1)	9	9.00 : 1
	작곡과	–	–	–	–	–	–
생활과학대학	의류환경학과	4	62	15.50 : 1	(3)	10	14.33 : 1
	식품영양학과	6	82	13.67 : 1	(3)	5	14.33 : 1
	실내건축학과	5	55	11.00 : 1	(3)	10	14.33 : 1
	아동가족학과	1	12	12.00 : 1	(3)	8	14.33 : 1
	통합디자인학과	3	47	15.67 : 1	(3)	10	14.33 : 1
교육과학대학	교육학부	8	112	14.00 : 1	–	–	–
	체육교육학과	2	23	11.50 : 1	–	–	–
	스포츠응용산업학과	2	22	11.00 : 1	(1)	11	11.00 : 1
의과대학	의학과	–	–	–	–	–	–
간호대학	간호학과	11	116	10.55 : 1	(3)	107	35.67 : 1
언더우드국제대학	언더우드학부(인문사회)	8	79	9.88 : 1	(10)	16	3.70 : 1
	언더우드학부(생명과학공학)	3	12	4.00 : 1	(10)	2	3.70 : 1
	융합인문사회과학부(HASS)	13	73	5.62 : 1	(10)	13	3.70 : 1
	융합과학공학부(ISE)	24	87	3.63 : 1	(10)	6	3.70 : 1
글로벌인재대학	글로벌인재학부	1	14	14.00 : 1	–	–	–

연세대 편입학 입시전형을 파헤쳐보자

※ 전체사항 2024학년도 편입학 기준

02 전형방법

모집단위	구분	필기시험	서류평가
전 대학 (음악대학 제외)	1단계	100	–
	2단계	60	40

모집단위	구분	전적대성적	실기시험
음악대학	일괄합산	60	40

※ 특별전형 제외

03 지원자격

가. 모집단위별 지원자격

<table>
<tr><th>구분</th><th colspan="2">지원자격</th></tr>
<tr><td>공통</td><td colspan="2">공인영어 성적 TOEIC 기준 700~900점 이상(모집단위별 상이)
– 필기고사 및 학과별 추가 지원자격 확인</td></tr>
<tr><td rowspan="8">일반편입</td><td colspan="2">1) 4년제 대학 : 2학년 및 4학기 이상 재학 및 수료하고 소정의 학점을 취득한 자</td></tr>
<tr><td>이수학점</td><td>모집단위</td></tr>
<tr><td>63학점</td><td>상경대학, 경영대학, IT융합공학과, 사회과학대학, 생활과학대학, 교육과학대학, 간호학과, 언더우드학부(인문사회), 융합인문사회과학부(HASS), 글로벌인재대학</td></tr>
<tr><td>65학점</td><td>공과대학, 컴퓨터과학과, 인공지능학과</td></tr>
<tr><td>68학점</td><td>문과대학, 이과대학, 시스템생물학과, 생화학과, 신과대학, 언더우드학부(생명과학공학), 융합과학공학부(ISE)</td></tr>
<tr><td>70학점</td><td>생명공학과, 음악대학</td></tr>
<tr><td>82학점</td><td>의과대학</td></tr>
<tr><td colspan="2">2) 학점은행제 : 전문학사학위 취득 혹은 학사학위과정 70학점 이상 이수하고, 위의 표에 규정된 학점 이상 취득한 자</td></tr>
<tr><td>학사편입</td><td colspan="2">학사학위소지(예정)자</td></tr>
</table>

나. 필기고사 및 학과별 추가지원자격

대학	모집단위	이수 학점	시험과목	학과별 추가지원자격		
				TOEFL iBT	TOEIC	TEPS
문과대학	국어국문학과	68	인문논술	–	–	–
	중어중문학과	68	인문논술	–	–	–
	영어영문학과	68	인문논술	91	800	309
	독어독문학과	68	인문논술	79	700	264
	불어불문학과	68	인문논술	–	–	–
	*노어노문학과	68	인문논술	79	700	264
				토르플(TORFL) 1단계(1급)		
	사학과	68	인문논술	–	–	–
	철학과	68	인문논술	–	–	–
	문헌정보학과	68	인문논술	79	700	264
	심리학과	68	사회논술	–	–	–
상경대학	경제학부	63	경제수학(50%), 통계학(50%)	91	800	309
	응용통계학과	63	경제수학(50%), 통계학(50%)	91	800	309
경영대학	경영학과	63	사회논술	91	800	309
이과대학	수학과	68	수학(100%)	–	–	–
	물리학과	68	수학(50%), 물리(50%)	79	700	264
	화학과	68	수학(50%), 화학(50%)	79	700	264
	지구시스템과학과	68	지구과학(100%)	79	700	264
	천문우주학과	68	수학(40%), 물리(60%)	–	–	–
	대기과학과	68	수학(40%), 지구과학(60%)	79	700	264
공과대학	화공생명공학부	65	수학(40%), 물리(30%), 화학(30%)	91	800	309
	전기전자공학부	65	수학(50%), 물리(40%), 화학(10%)	91	800	309
	건축학전공(5년제)	65	수학(60%), 물리(40%)	91	800	309
	건축공학전공(4년제)	65	수학(60%), 물리(40%)	91	800	309
	도시공학과	65	수학(50%), 물리(50%)	79	700	264
	사회환경시스템공학부	65	수학(40%), 물리(30%), 화학(30%)	79	700	264
	기계공학부	65	수학(40%), 물리(40%), 화학(20%)	91	800	309
	신소재공학부	65	수학(40%), 물리(30%), 화학(30%)	91	800	309
	산업공학과	65	수학(80%), 물리(20%)	79	700	264
생명시스템대학	시스템생물학과	68	화학(40%), 생물(60%)	91	800	309
	생화학과	68	화학(50%), 생물(50%)	91	800	309
	생명공학과	70	화학(40%), 생물(60%)	91	800	309

연세대 편입학 입시전형을 파헤쳐보자

※ 전체사항 2024학년도 편입학 기준

대학	모집단위	이수 학점	시험과목	학과별 추가지원자격		
				TOEFL iBT	TOEIC	TEPS
인공지능융합대학	컴퓨터과학과	65	수학(80%), 물리(20%)	79	700	264
	인공지능학과	65	수학(80%), 물리(20%)	79	700	264
	IT융합공학과	63	수학(80%), 물리(20%)	79	700	264
신과대학	신학과	68	인문논술	–	–	–
사회과학대학	정치외교학과	63	사회논술	91	800	309
	행정학과	63	사회논술	91	800	309
	사회복지학과	63	사회논술	91	800	309
	사회학과	63	사회논술	91	800	309
	문화인류학과	63	사회논술	–	–	–
	언론홍보영상학부	63	사회논술	105	900	370
음악대학	교회음악과	70	실기시험	일반편입학 지원자는 전적대학 전공과 지원하려는 전공이 일치해야 함		
	성악과	70	실기시험			
	피아노과	70	실기시험			
	관현악과	70	실기시험			
	작곡과	70	실기시험			
생활과학대학	의류환경학과	63	사회논술	79	700	264
	식품영양학과	63	화학(50%), 생물(50%)	79	700	264
	실내건축학과	63	사회논술	79	700	264
	아동가족학과	63	사회논술	79	700	264
	*통합디자인학과	63	사회논술	79	700	264
				포트폴리오 제출		
교육과학대학	교육학부	63	사회논술	79	700	264
	체육교육학과	63	사회논술	79	700	264
	스포츠응용산업학과	63	사회논술	79	700	264
의과대학	*의학과	82	화학(50%), 생물(50%)	105	900	370
				교수 또는 학장 추천서		
간호대학	간호학과	63	사회논술	79	700	264
언더우드국제대학	언더우드학부(인문사회)	63	영어논술	91	800	309
	언더우드학부 (생명과학공학)	68	영어논술	91	800	309
	융합인문사회과학부 (HASS)	63	영어논술	91	800	309
	융합과학공학부(ISE)	68	영어논술	91	800	309
글로벌인재대학	글로벌인재학부	63	사회논술	91	800	309

04 서류

구분	제출서류
필수 제출 서류 (해당자에 한함)	공인영어성적 : TOEFL iBT, TOEIC, TEPS 성적표 원본 1부
	노어노문학과 : 토르플(TORFL) 1단계(1급) 필수 제출
	통합디자인학과 : 포트폴리오 필수 제출
	의학과 : 교수 또는 학장 추천서 1부 필수 제출 (별도 서식 없음, 밀봉·날인된 상태로 제출)
기타서류 (선택 제출서류)	• 대학 입학 이후 수상경력, 어학능력입증서류, 국가공인자격증 등 – 기타서류 목록표(연세대학교 양식)에 제출서류 목록 작성 후 증빙서류와 함께 제출 – 원본 제출을 원칙으로 하되 원본 제출이 불가할 경우 발급기관 또는 본교 입학처(서류 제출 기간 내 방문)에서 원본대조 후 사본 제출 가능 – 제출 기간 이후 교체 및 추가 제출 불가

05 지원자 유의사항

가. 이수학점, 공인영어 지원자격, 필기시험 과목이 모집단위별 상이하므로 반드시 당해연도 모집요강 확인 필요
나. 원서에 출력된 사항과 제출서류에 기재한 내용이 다를 경우, 제출한 서류를 기준으로 전형 절차를 진행
다. 연세대학교 재학생은 소속 캠퍼스의 편입학 전형에 지원 불가(단, 졸업예정자는 가능)
라. 외국대학 출신자의 경우 합격 후 지정된 일정까지 해당 서류를 아포스티유(Apostille) 또는 영사확인을 받아서 제출
마. 교직 관련 안내
   1) 사범계학과(교육학부, 체육교육학과) : 일반편입학만 사범대학 입학자와 동일한 기준으로 교원 자격증 취득 가능
   2) 교직과정 설치학과 중 일부 : 모집요강 내 세부 안내사항 참고

고려대 편입학 입시전형을 파헤쳐보자

※ 전체사항 2024학년도 편입학 기준

01 모집인원 및 지원현황

가. 최근 3개년 모집인원 및 경쟁률

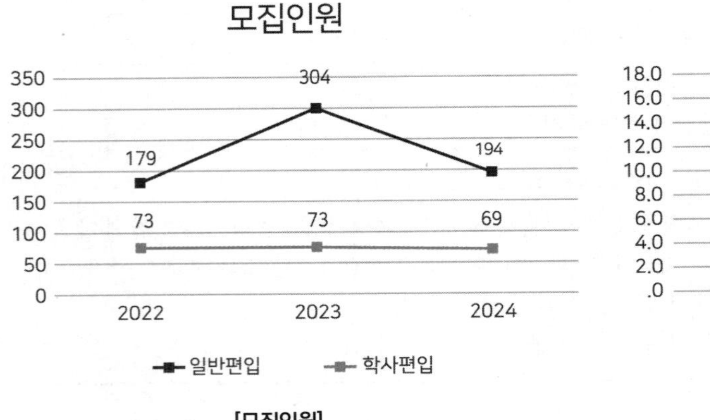

[모집인원]

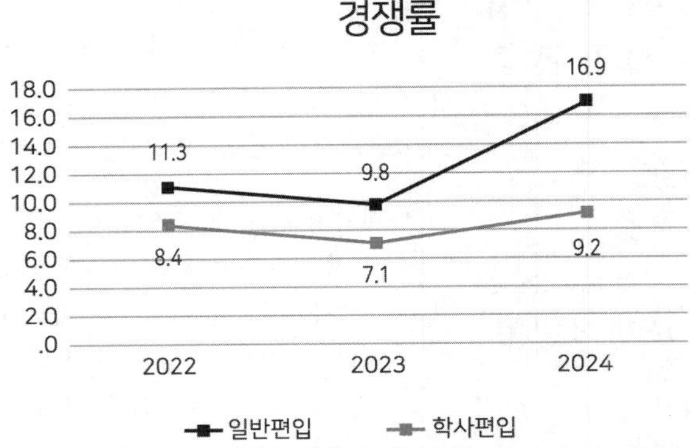

[경쟁률]

나. 2024학년도 전형별 모집인원 및 지원현황

대학	모집단위	일반편입			학사편입		
		모집인원	지원인원	경쟁률	모집인원	지원인원	경쟁률
경영대학	경영대학	11	634	57.64 : 1	12	321	26.75 : 1
문과대학	국어국문학과	–	–	–	–	–	–
	철학과	–	–	–	–	–	–
	한국사학과	–	–	–	–	–	–
	사학과	–	–	–	–	–	–
	사회학과	4	291	72.75 : 1	–	–	–
	한문학과	–	–	–	–	–	–
	영어영문학과	4	163	40.75 : 1	4	59	14.75 : 1
	독어독문학과	–	–	–	–	–	–
	불어불문학과	–	–	–	–	–	–
	중어중문학과	–	–	–	–	–	–
	노어노문학과	–	–	–	–	–	–
	일어일문학과	–	–	–	–	–	–
	서어서문학과	–	–	–	–	–	–
	언어학과	–	–	–	–	–	–
생명과학대학	생명과학부	20	156	7.80 : 1	3	17	5.67 : 1
	생명공학부	20	152	7.60 : 1	4	19	4.75 : 1
	식품공학과	4	38	9.50 : 1	1	3	3.00 : 1
	환경생태공학부	6	33	5.50 : 1	2	3	1.50 : 1
	식품자원경제학과	–	–	–	–	–	–

대학	모집단위	일반편입			학사편입		
		모집인원	지원인원	경쟁률	모집인원	지원인원	경쟁률
정경대학	정치외교학과	–	–	–	–	–	–
	경제학과	–	–	–	–	–	–
	통계학과	3	100	33.33 : 1	2	38	19.00 : 1
	행정학과	–	–	–	–	–	–
이과대학	수학과	4	196	49.00 : 1	1	27	27.00 : 1
	물리학과	3	53	17.67 : 1	1	3	3.00 : 1
	화학과	3	41	13.67 : 1	1	1	1.00 : 1
	지구환경과학과	3	25	8.33 : 1	1	1	1.00 : 1
공과대학	화공생명공학과	12	149	12.42 : 1	3	5	1.67 : 1
	신소재공학부	9	46	5.11 : 1	5	8	1.60 : 1
	건축사회환경공학부	6	69	11.50 : 1	3	7	2.33 : 1
	건축학과	4	34	8.50 : 1	1	4	4.00 : 1
	기계공학부	15	175	11.67 : 1	5	13	2.60 : 1
	산업경영공학부	–	–	–	–	–	–
	전기전자공학부	9	172	19.11 : 1	6	12	2.00 : 1
	융합에너지공학과	1	6	6.00 : 1	–	–	–
의과대학	의과대학	–	–	–	–	–	–
사범대학	교육학과	–	–	–	–	–	–
	국어교육과	–	–	–	–	–	–
	영어교육과	4	106	26.50 : 1	–	–	–
	지리교육과	–	–	–	–	–	–
	역사교육과	–	–	–	–	–	–
	가정교육과	4	92	23.00 : 1	–	–	–
	수학교육과	–	–	–	–	–	–
	체육교육과	–	–	–	–	–	–
간호대학	간호대학	7	83	11.86 : 1	2	22	11.00 : 1
정보대학	컴퓨터학과	4	222	55.50 : 1	4	56	14.00 : 1
	데이터과학과	1	38	38.00 : 1	–	–	–
디자인조형학부	디자인조형학부	–	–	–	–	–	–
국제대학	국제학부	–	–	–	–	–	–
미디어학부	미디어학부	–	–	–	–	–	–
보건과학대학	바이오의공학부	6	62	10.33 : 1	2	5	2.50 : 1
	바이오시스템의과학부	9	66	7.33 : 1	2	7	3.50 : 1
	보건환경융합과학부	17	49	2.88 : 1	4	7	1.75 : 1
	보건정책관리학부	–	–	–	–	–	–
스마트보안학부	스마트보안학부	1	32	32.00 : 1	–	–	–
심리학부	심리학부	–	–	–	–	–	–

고려대 편입학 입시전형을 파헤쳐보자

※ 전체사항 2024학년도 편입학 기준

02 전형방법

가. 일반편입

모집단위	구분	전형요소별 반영비율	동점자 선발 원칙
인문계, 자연계 (간호대학 제외)	일괄합산	필기고사 60% + 서류 40%	①필기 ②서류 성적순
간호대학	1단계	필기고사 60% + 서류 40% (모집인원의 3배수 선발)	동점자는 모두 선발
	2단계	1단계 성적 60% + 면접 40%	①필기 ②서류 ③면접 성적순

나. 학사편입

모집단위	구분	전형요소별 반영비율	동점자 선발 원칙
인문계, 자연계	1단계	필기고사60% + 서류 40% (모집인원의 3배수 선발)	동점자는 모두 선발
	2단계	1단계 성적 60% + 면접 40%	①필기 ②서류 ③면접 성적순

03 지원자격

가. 모집단위별 지원자격

<table>
<tr><th>구분</th><th>지원자격</th></tr>
<tr><td>일반편입</td><td>1) 4년제 대학 : 2학년(4학기) 이상 수료(예정)하고 일정 학점 이상 취득한 자
<table>
<tr><th>이수학점</th><th>모집단위</th></tr>
<tr><td>67학점</td><td>전 모집단위(사범대학, 건축학과, 의과대학 제외)</td></tr>
<tr><td>71학점</td><td>사범대학, 공과대학 건축학과</td></tr>
<tr><td>74학점</td><td>의과대학</td></tr>
</table>
2) 학점은행제 : 전문학사학위 취득(예정)자</td></tr>
<tr><td>학사편입</td><td>학사학위소지(예정)자</td></tr>
</table>

나. 필기고사 및 학과별 추가지원자격

대학	모집단위	이수학점	필기고사 과목
경영대학	경영대학	67	사회논술
문과대학	국어국문학과	67	일반논술
	철학과	67	일반논술
	한국사학과	67	일반논술
	사학과	67	일반논술
	사회학과	67	사회논술
	한문학과	67	일반논술
	영어영문학과	67	일반논술
	독어독문학과	67	일반논술
	불어불문학과	67	일반논술
	중어중문학과	67	일반논술
	노어노문학과	67	일반논술
	일어일문학과	67	일반논술
	서어서문학과	67	일반논술
	언어학과	67	일반논술
생명과학대학	생명과학부	67	생명과학, 화학
	생명공학부	67	생명과학, 화학
	식품공학과	67	생명과학, 화학
	환경생태공학부	67	생명과학, 화학
	식품자원경제학과	67	사회논술
정경대학	정치외교학과	67	사회논술
	경제학과	67	사회논술
	통계학과	67	사회논술
	행정학과	67	사회논술
이과대학	수학과	67	수학
	물리학과	67	수학, 물리
	화학과	67	수학, 화학
	지구환경과학과	67	수학, 지구화학
공과대학	화공생명공학과	67	수학, 화학
	신소재공학부	67	물리, 화학
	건축사회환경공학부	67	수학, 물리
	건축학과	71	수학, 지구과학
	기계공학부	67	수학, 물리
	산업경영공학부	67	수학, 정보
	전기전자공학부	67	수학, 물리
	융합에너지공학과	67	물리, 화학
의과대학	의과대학	74	생명과학, 화학

고려대 편입학 입시전형을 파헤쳐보자

※ 전체사항 2024학년도 편입학 기준

대학	모집단위	이수학점	필기고사 과목
사범대학	교육학과	71	일반논술
	국어교육과	71	일반논술
	영어교육과	71	일반논술
	지리교육과	71	사회논술
	역사교육과	71	일반논술
	가정교육과	71	A : 사회논술 B : 생명과학,화학 (A,B중 지원자 선택)
	수학교육과	71	수학, 물리
	체육교육과	71	일반논술
간호대학	간호대학	67	생명과학
정보대학	컴퓨터학과	67	수학, 정보
	데이터과학과	67	수학, 정보
디자인조형학부	디자인조형학부	67	일반논술
국제대학	국제학부	67	사회논술
미디어학부	미디어학부	67	일반논술
보건과학대학	바이오의공학부	67	수학, 물리
	바이오시스템의과학부	67	생명과학, 화학
	보건환경융합과학부	67	물리, 화학
	보건정책관리학부	67	사회논술
스마트보안학부	스마트보안학부	67	수학, 정보
심리학부	심리학부	67	A : 사회논술 B : 생명과학 (A,B중 지원자 선택)

※ 회색 표기 : 2024학년도 미선발

04 서류

구분	제출서류
필수 제출 서류 (해당자에 한함)	2학기 또는 겨울 계절학기 수강신청서 : 2학기 성적이 성적증명서에 포함되지 않은 4학기 수료 예정자 또는 겨울 계절학기 학점을 포함해야 지원자격 학점을 충족하는 자
기타서류 (선택 제출서류)	활동증빙서류 목록표 : 원서접수 시 활동증빙서류 목록표에 온라인 입력
	※ 활동증빙서류 공인어학성적표(TOEIC, TOEFL iBT, TEPS, HSK, JLPT 등) 국가공인시험 합격증 또는 자격증 수상/봉사/연구활동 등 ☞ 대학 입학 이후 활동 내역만 인정함 ☞ A4용지 크기 총 10매 이내 제출 – 양면, 축소, 분할 인쇄 불가하며, 비문서 형태(CD, 제본, 동영상 등)는 제출 불가 ☞ 공식 기관에서 발급한 서류만 인정 – 온라인 제출 시 원본 또는 원본대조 받은 사본을 PDF파일로 변환하는 것이 원칙, 최종합격자는 서류의 원본 또는 원본대조 받은 사본을 등기우편으로 제출

05 지원자 유의사항

가. 이수학점, 필기시험 과목이 모집단위별 상이하므로 반드시 당해연도 모집요강 확인 필요
나. 2024학년도 일반편입학 학점은행제 출신자는 전문학사학위취득(예정)자만 지원 가능
다. 해외대학교 출신자의 경우 합격 후 지정된 일정까지 해당 서류를 아포스티유(Apostille) 또는 영사확인을 받아서 제출

연고대 출제경향 분석

01 연세대 유형분석

구분	2020학년도	2021학년도	2022학년도	2023학년도	2024학년도
문항 수	22문항	22문항	22문항	22문항	19문항
객관식	20문항	20문항	20문항	20문항	15문항
주관식 (단답형)	2문항	2문항	2문항	2문항	4문항

02 연세대 출제영역 분석

구분	2020학년도	2021학년도	2022학년도	2023학년도	2024학년도
역학		8문항	10문항	6문항	3문항
유체역학		–	–	1문항	–
열역학		1문항	1문항	1문항	2문항
전자기학		5문항	7문항	7문항	3.5문항
파동과 빛		6문항	2문항	1문항	2문항
현대물리		2문항	2문항	6문항	8.5문항

03 연세대 출제경향분석

구분	2020학년도	2021학년도	2022학년도	2023학년도	2024학년도
출제범위		파동과 빛	역학	역학, 전자기학	유체역학을 제외한 전 영역
난이도				★★☆☆☆	★★★★☆
합격예상				80점	70점

04 기출분석

특징	1. 현대물리 영역에서 다소 많이(45%) 출제되었다. 그만큼 역학, 전자기학의 비중이 대폭 감소하였다. 2. 신유형이 많이 출제되었다. 특히 쐐기형 공기층 간섭, 2차원 무한 퍼텐셜 우물, 브래그 실험, 특수 상대성 이론 등 그동안 연대 기출에서 안 나온 문제 유형이 많았다. 3. 전범위를 다 공부했다고 가정했을 때 2번, 4번, 7번, 9번, 10번, 11번, 12번, 13번, 15번, 16번, 19번 등 19개 중 11개는 무난하게 풀 수 있다. 4. 운동 기전력 문제가 조금 어렵게 출제되었다. 5. 7번처럼 계산기 없이 루트 계산을 해야 하는 문제가 출제되었다. 6. 세 줄이면 답을 도출할 수 있을 정도로 계산과정이 짧다. 7. 객관식보다 주관식의 문제당 배점이 높다.
총평	1. 예년에 비해 체감 난이도가 높았다. 2. 일반물리 뒷부분에 해당하는 현대물리가 다소 많이 출제되어서, 역학과 전자기 위주로 공부한 학생들은 어려움이 있었을 것이다. 3. 추론이 필요한 문제가 많이 출제되었다.
학습전략	1. 전범위를 골고루 학습해야 한다. 특히 뒷부분까지 완벽하게 학습해야 한다. 지엽적인 내용들을 포기하면, 얻을 수 있는 점수가 별로 없다. 2. 물리학과 전공 내용까지 깊게 공부해야 한다. 3. 물리에 의해서 당락이 결정되기 때문에, 물리 공부에 투자를 많이 해야 한다. 4. 다양한 문제들을 풀어보고 익혀야 합격이 가능하다. 5. 계산 실수를 줄이기 위해 노력한다.
합격 POINT	1. 강의 내용을 최소 세 번 이상 복습한다. 심지어 7번처럼 계산기 없이 루트 계산을 하는 것도 강의 시간에 연습했었다. 2. 떠먹여주는 물리 4권, 5권을 통해 다양한 문제들을 접해보자. 3. 모의고사 적중률이 매우 높기 때문에(16/19), 꼭 모의고사에 응시한다. (뮤온 문제, 다이오드 문제, 반무한 조화진동자 빼고 모두 적중) 4. 과목별 선생님이 짜 주는 스터디를 통해서 자신의 개념을 계속해서 확인해 나가자. 5. 실수 수첩을 만든다. 6. 이번에 풀커리를 탔던 노베이스 A학생은 연세대학교 기계공학부에 합격했다. 이처럼 가급적 풀커리를 타서 기초를 탄탄히 다지자.

연고대 출제경향 분석

01 고려대 유형분석

구분	2020학년도	2021학년도	2022학년도	2023학년도	2024학년도
문항 수	4문항	4문항	4문항	4문항	4문항
주관식 (서술형)	4문항	4문항	4문항	4문항	4문항

02 고려대 출제영역 분석

구분	2020학년도	2021학년도	2022학년도	2023학년도	2024학년도
역학	굴림운동	에트우드	에너지보존	굴림운동	**역학적 에너지**
열역학	카르노기관	열기관	엔트로피	열전도	**음파**
전자기학	축전기, 인덕터	전기장적분	비오·사바트	RC회로	**전자기파**
현대물리	퍼텐셜우물	수소	무한우물	반감기	**무한우물**

03 고려대 출제경향분석

구분	2020학년도	2021학년도	2022학년도	2023학년도	2024학년도
출제범위	역학, 열역학, 전자기학, 현대물리	역학, 열역학, 전자기학, 현대물리	역학, 열역학, 전자기학, 현대물리	역학, 열역학, 전자기학, 현대물리	역학, 전자기학, 파동과 빛, 현대물리
난이도	★★★☆☆	★★☆☆☆	★★☆☆☆	★★★☆☆	★★☆☆☆
합격예상	80점	85점	80점	80점	85점

04 기출분석

특징	그동안 출제된 고려대 편입 물리 시험은 역학, 열역학, 전자기학, 현대물리 각 단원에서 1문제 출제가 되었다. 모든 문제는 자세한 풀이를 작성해야 하는 서술식 유형이고, 각 단원별에서 가장 중요시되는 내용이 출제된다. 대학교에서 실시하는 서술식의 중간, 기말 고사와 유사하다. 시험의 범위는 대학 물리 전체 범위이고, 각 단원에서 중요한 개념의 문제가 70% 정도이고 지엽적인 부분이 30% 정도를 차지한다. 수험생들은 익숙한 유형의 문제로 시험을 보니 합격 컷이 연세대보다는 높은 게 사실이다.
총평	이번 시험에서는 열역학 문제가 빠지고 파동 문제가 등장한 것이 차이가 있으나 전체 문제 유형이나 난이도는 예년과 비슷하다. 역학과 파동 문제는 실수하지 않았다면 어렵지 않게 풀 수 있고, 전자기학과 현대 물리는 작은 문제 하나 정도가 조금 어려울 수 있다. 문제를 접근하고 풀이를 하는 방식이 대부분 수업에서 강조한 것들이라 수업을 잘 정리하고 반복하여 자신의 것으로 만든 수험생은 높은 점수를 받았을 것으로 판단된다.
학습전략	고려대 편입 물리는 앞으로도 4개의 서술 주관식으로 출제가 될 것이다. 각 단원에서 중요한 것 위주로 정리를 해야 하고, 가끔씩 지엽적인 문제가 출제가 될 수 있다. 아주 어렵게 출제를 해도 절대 대학 물리의 범위를 벗어날 수 없다. 특히 Halliday와 young의 연습문제를 벗어나는 문제는 출제가 되지 않는다. 12월 시험 대비 학습 목표는 이러한 대학물리의 연습 문제를 모두 풀어낼 수 있으면 된다. 문제 응용이 심한 시험이 과목이므로 평소 문제를 많이 풀어 문제 응용력을 키우는 것이 필요하다.
합격 POINT	공부를 시작하는 대부분의 수험생은 물리에 대한 경험(고등학교에서 수능에서 물리 선택)이 적고, 단기간에 시험에 나올 만한 내용을 선별하여 공부하기 어렵다. 김영편입의 양질의 강의와 적중률 높은 컨텐츠를 가지고 반복하여 공부한다면 물리 과목에 어려움을 느끼는 수험생도 고득점할 수 있다. 특히 엄기범 교수의 모든 커리큘럼 강의에 첨부되어 있는 매주 치러지는 위클리 모의고사에 80점 이상을 맞으려고 노력하면 충분히 합격할 수 있는 점수에 도달할 것이다.

2020년 연세대학교 총평

전반적으로 기호로 답을 구한 후, 식에 수치를 대입하는 유형으로 출제되었다.
두공의 충돌, 관성모멘트, 엔트로피 증가법칙, 공정단 반사, 전반사, 이중슬릿등은 쉬운 난이도인 반면 상대론 문제에서의 로렌츠 변환이라는 전공 수준이 출제되기도 하였다.
전기쌍극차와 자기쌍극자, 평균 자유거리, 역학, 열역학, 전자기, 파동, 상대론까지 모든 영역이 골고루 출제 되었다.

연세대학교 편입
기출 문제 및 해설

01

원형 궤도로 물체가 움직일 때 시간이 흐를수록 물체의 속력이 증가한다면, 속도 벡터와 가속도 벡터 사이의 각도 관계는?

① 90° 이하 ② 90° 이상 ③ 90°
④ 180° ⑤ 360°

출제영역 질점 역학 – 원운동 | 정답 | ① 90。 이하

필수개념 구심 가속도, 접선 가속도

Key Note

원운동하기 위해서는 반드시 구심 방향으로 힘(구심력)이 작용하고 있음을 알아야 한다. 그런데 이 문제는 한 걸음 더 나아가서, 속력이 점점 증가하는 경우 추가적으로 접선 방향으로 힘이 작용한다는 것을 묻고 있다. 그러므로 두 힘을 고려해서(평행 사변형법) 알짜힘의 방향을 유추하는 것이 풀이의 핵심이다.

해설

속도 벡터는 항상 접선 방향이다.
가속도는 구심가속도와 접선가속도 두 가지가 존재한다.

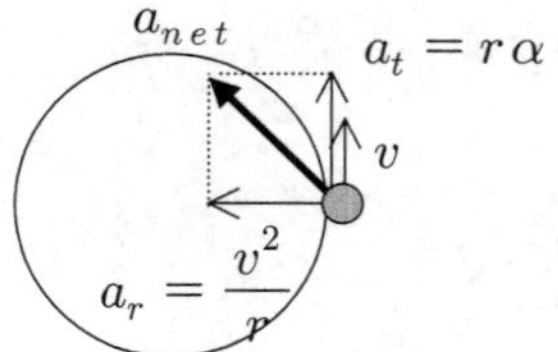

02

반지름이 0.5m인 연직 원형 트랙에서 (가) 자동차는 트랙의 위에 있고, (나) 자동차는 트랙의 아래에 위치해 있다. 두 자동차의 수직항력을 각각 구해 보시오. 단, 두 자동차의 질량은 2kg으로 같고, 중력가속도는 $10m/s^2$ 이다.

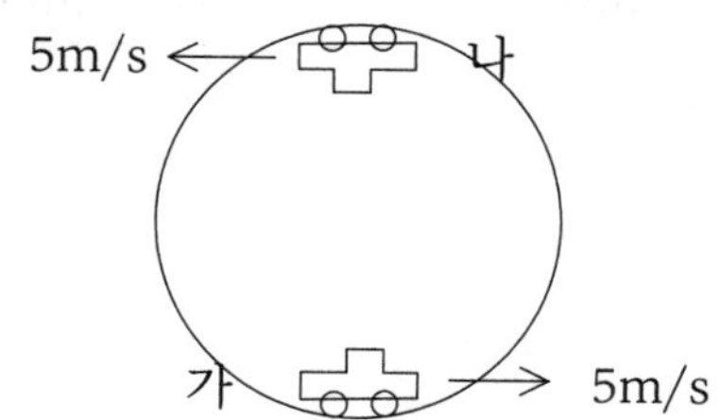

출제영역 질점 역학 - 원운동

| 정답 | 120N, 80N

필수개념 자유물체도 그리기, 운동 방정식, 구심 가속도 공식

Key Note

최고점과 최저점에서 자유물체도를 그릴 줄 알아야 한다. 이때 구심 방향 힘을 양수로 처리할 줄 알아야 하고, 특히 최고점에서 수직항력이 아래 방향임을 알아야 정확한 답을 구할 수 있다. 구심 가속도 공식 $a=\frac{v^2}{r}$ 은 당연히 외우고 있어야 한다.

해설

자유물체도(free-body diagram)를 그리면 다음과 같다.

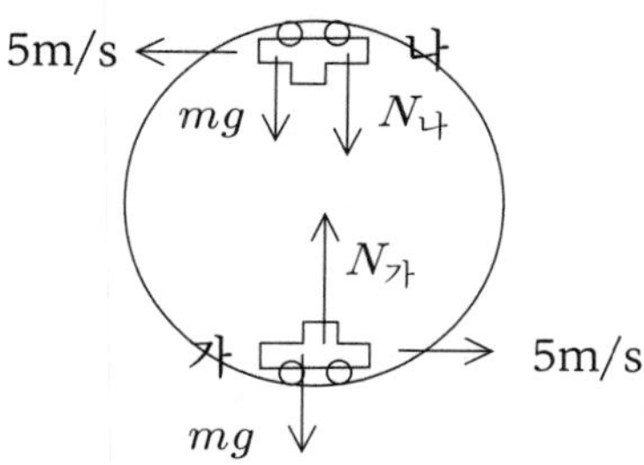

i) (가) 운동방정식 : $N_{가}-mg=m\frac{v_{가}^2}{r}$ 에서 $N_{가}=mg+m\frac{v_{가}^2}{r}=20+2\times\frac{25}{0.5}=120N$

ii) (나) 운동방정식 : $N_{나}+mg=m\frac{v_{나}^2}{r}$ 에서 $N_{나}=m\frac{v_{나}^2}{r}-mg=2\times\frac{25}{0.5}-20=80N$

03

물체 A(2kg, 4m/s)와 B(4kg, 1m/s)가 움직이다가 탄성 충돌을 하게 된다. 충돌 후 작은 물체의 속도는?

2kg (A) 4m/s → 4kg (B) 1m/s →

출제영역 질점 역학 - 충돌 | 정답 | 0

필수개념 운동량 보존 법칙, 반발계수

Key Note

두 공의 충돌 문제를 풀기 위해서는 반드시 운동량 보존 법칙($m_1\vec{v}_1 + m_2\vec{v}_2 = m_1\vec{v}_1{}' + m_2\vec{v}_2{}'$)과

반발계수 공식($e \equiv -\left|\dfrac{\vec{v}_1{}' - \vec{v}_2{}'}{\vec{v}_1 - \vec{v}_2}\right|$)을 외우고 있어야 한다.

해설

운동량 보존 + 반발계수 : $2\times4+4\times1=2\times v+4\times(v+3)$

$\therefore\ v=0$

04

물체 A(6kg) 위에 물체 B(4kg)가 있고, B는 용수철에 연결되어 있다. 물체들을 당겼다가 놓았을 때, 물체 A와 B가 같은 속력으로 움직일 수 있는 최대 거리(m)를 구해 보시오. k=200N/m이고 마찰계수는 0.6이다.

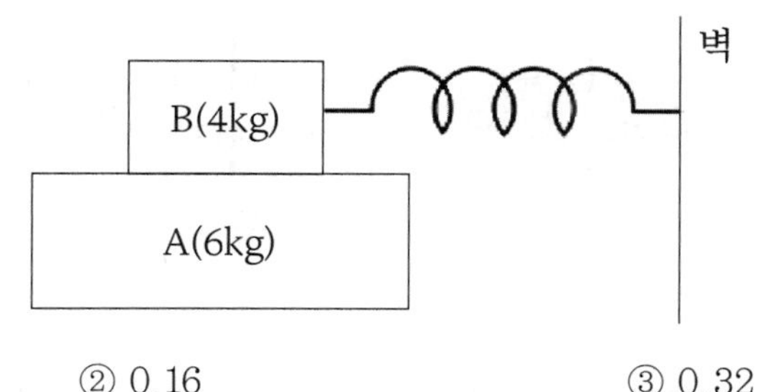

① 0.08　　② 0.16　　③ 0.32
④ 0.4　　⑤ 0.64

출제영역 질점 역학 - 단진동　　| 정답 | ④ 0.4

필수개념 운동 방정식 세우기, 최대 정지마찰력 공식

Key Note

물체 위의 물체 상황에서는 두 물체 사이의 마찰력이 어디로 작용하는지 구할 수 있어야 한다. 가장 쉬운 방법은 외력(탄성력)을 받지 않는 물체에 대해 마찰력을 구할 줄 알아야 한다. A와 B가 평형점보다 왼쪽에 있다고 가정하면, A가 평형점으로 돌아오기 위해 알짜힘을 오른쪽으로 받아야 한다. 이때 A가 받을 수 있는 수평 방향 외력은 B로부터 받는 최대 정지마찰력 밖에 없다. 그러므로 A는 B로부터 오른쪽으로 최대 정지 마찰력($f_{s,\max}=\mu_s m_B g$)을 받아야 한다.

해설

i) B 운동방정식 : $kx-\mu mg=ma$ …①

ii) A 운동방정식 : $\mu mg=Ma$ …②

iii) 일체계 운동방정식 : $kx=(M+m)a$ …③

iv) ② → ③ : $x=\frac{M+m}{k}\frac{\mu mg}{M}=\frac{10}{200}\frac{0.6\times4\times10}{6}=\frac{1}{5}m$

05

관성능률이 큰 순서대로 나열하시오. 각 도형의 질량과 반지름은 서로 같다. 굵은 선이 회전축이다.

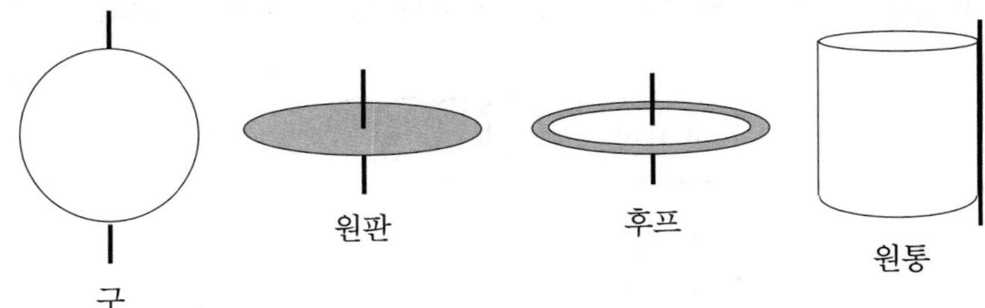

① 후프, 원판, 구 ② 후프, 구, 원판 ③ 원통, 원판, 후프
④ 후프, 원통, 구 ⑤ 원판, 구, 원통

출제영역 강체 역학 | 정답 | ① 후프, 원판, 구

필수개념 여러 가지 강체들의 관성 모멘트 식

Key Note

기본적으로 강체별 관성 모멘트 공식(I_{cm})을 외우고 있어야 한다. 다만 문제에서 제시된 원통인 경우 회전축이 질량중심에서 평행하게 이동한 곳에 존재하기 때문에, 평행축 정리($I = I_{cm} + Md^2$)를 이용해서 구해야 한다.

해설

$I_{후프} = MR^2$

$I_{원판} = \frac{1}{2}MR^2$

$I_{구} = \frac{2}{5}MR^2$

$I_{원통} = \frac{1}{2}MR^2 + MR^2 = \frac{3}{2}MR^2$

06

로켓이 지구 중력으로부터 완전히 벗어나기 위한 최소 속력을 구해 보시오. 단, 지구의 질량은 M, 로켓의 질량은 m이다.

① $v=\sqrt{\frac{2GM}{r}}$ ② $v=\sqrt{\frac{GM}{r}}$ ③ $v=\sqrt{\frac{2GM}{r^2}}$

④ $v=\sqrt{\frac{2GMm}{r^2}}$ ⑤ $v=\sqrt{\frac{2GMm}{r}}$

출제영역 질점 역학 – 만유인력

| 정답 | ① $v=\sqrt{\frac{2GM}{r}}$

필수개념 역학적 에너지 보존 법칙, 로켓의 탈출 속력 공식

Key Note

중력으로부터 완전히 벗어난다는 말의 의미는 중력이 0이 되는 곳, 즉 무한대인 곳까지 이동할 수 있어야 함을 뜻한다. 이때 마찰력 같은 비보존력이 없으므로 역학적 에너지 보존 법칙을 적용해서 초기 속력을 구할 수 있다. 단, 중력 위치 에너지는 지표 근처에서는 $U=mgh$ 형태를 쓰고, 지구 밖에서는 $U=-\frac{GMm}{r}$ 형태를 쓴다는 것을 구분할 수 있어야 한다. 참고로 아예 처음부터 로켓의 탈출 속력 공식($v=\sqrt{\frac{2GM}{r}}$)을 외우고 있었다면 3초 만에 답을 찾고 넘어갈 수 있는 문제이다.

해설

역학적 에너지 보존 법칙을 적용하면 $\frac{1}{2}mv^2-\frac{GMm}{r}=0$에서 $v=\sqrt{\frac{2GM}{r}}$

07

줄의 한 쪽 끝을 벽에 고정한 상태에서 펄스를 입사할 때, 다음에 일어날 모습은 무엇인가?

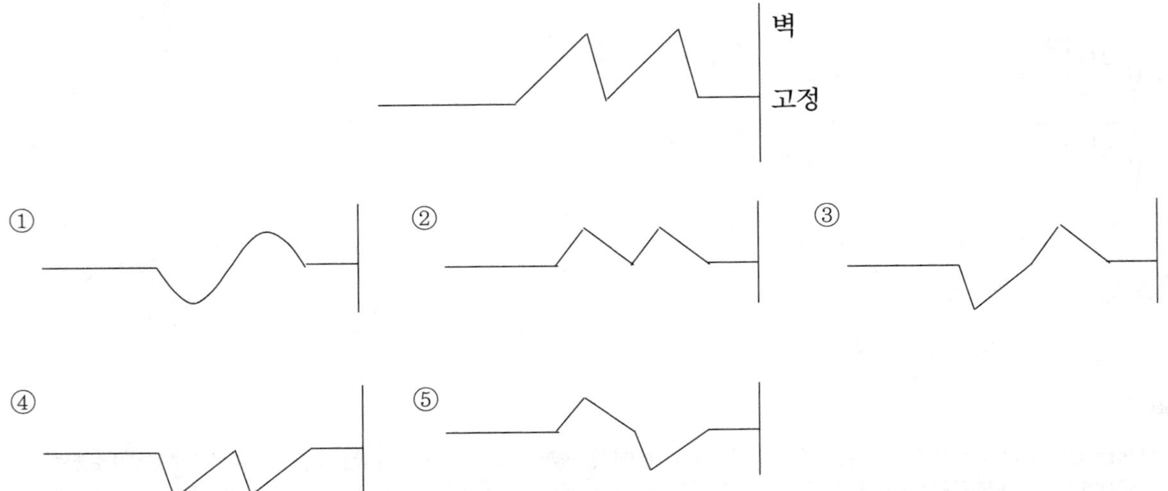

출제영역 파동 – 역학적 파동

| 정답 | ④

필수개념 고정단 반사 개념

Key Note

파동이 고정된 매듭으로 입사하면 반사할 때 위상이 마루에서 골, 또는 골에서 마루로 바뀐다. 이를 고정단 반사라고 한다.

해설

고정단 반사가 일어난다.

08

같은 부피 V를 갖는 상자 두 개가 있다. 한 상자에는 온도 T를 갖는 1몰(mol)의 헬륨 (He) 기체가 들어 있고, 다른 상자에는 같은 온도를 갖는 1몰(mol)의 산소(O_2) 기체가 들어 있다. 헬륨과 산소는 각각 단원자 및 이원자 분자 이상기체(ideal gas)처럼 행동한다. 이에 대한 서술인 A, B, C 중 올바른 설명만을 모두 고른 것은?

A) 헬륨 분자와 산소 분자들로 인한 두 상자의 내부 압력은 같다.
B) 헬륨 분자와 산소 분자의 평균 속력은 같다.
C) 각 기체의 온도를 T+ΔT로 올리는 데 필요한 에너지는 같다.

① A ② B ③ A, B
④ A, C ⑤ A, B, C

출제영역 열 – 기체 분자 운동론 | 정답 | ① A

필수개념 이상 기체 상태 방정식, rms 속력과 평균 속력 공식, 열량을 몰비열로 표현한 식

Key Note

이 문제의 공식을 외우고 있어야 풀 수 있는 문제이다. 우선 이상 기체 상태 방정식($PV=nRT$)을 외우고 있어야 하고, 제곱 평균 제곱근(root mean squre) 속력 공식($v_{rms}=\sqrt{\frac{3RT}{M_0}}$)과 평균 속력 공식($\bar{v}=\sqrt{\frac{8RT}{\pi M_0}}$)을 외우고 있어야 한다. 마지막으로 등적 과정일 때 열역학 1법칙($Q=nc_V\Delta T$)을 외우고 있어야 한다. 더 자세한 내용을 알고 싶으면 열 단원에서 기체 분자 운동론 파트와 열역학 파트를 공부하길 바란다.

해설

A) 이상 기체 상태방정식 PV=nRT에 의하면 V, n, T가 같으면 압력도 같다.

B) $v_{rms}=\sqrt{\frac{3RT}{M_0}}$, $\bar{v}=\sqrt{\frac{8RT}{\pi M_0}}$ 에 의해 가벼운 헬륨이 더 빠르다.

C) 등적과정에서 열역학 1법칙 $Q=nc_V\Delta T$ 에 의해 몰비열이 큰 이원자 분자가 열이 더 많이 든다.

09

외부와 고립된 상태에서 금으로 만들어진 고온의 구슬과 구리로 만들어진 저온의 구슬을 서로 접촉시킨 후 같은 온도가 될 때까지 기다린다. 온도 변화 과정에서 금 구슬의 엔트로피 변화량 $\Delta S_{금}$, 구리 구슬의 엔트로피 변화량 $\Delta S_{구리}$ 및 이들의 합에 대한 설명으로 맞는 것은?

① $\Delta S_{금} > 0$, $\Delta S_{구리} > 0$, $\Delta S_{금} + \Delta S_{구리} > 0$
② $\Delta S_{금} < 0$, $\Delta S_{구리} > 0$, $\Delta S_{금} + \Delta S_{구리} > 0$
③ $\Delta S_{금} > 0$, $\Delta S_{구리} < 0$, $\Delta S_{금} + \Delta S_{구리} > 0$
④ $\Delta S_{금} < 0$, $\Delta S_{구리} > 0$, $\Delta S_{금} + \Delta S_{구리} < 0$
⑤ $\Delta S_{금} > 0$, $\Delta S_{구리} < 0$, $\Delta S_{금} + \Delta S_{구리} < 0$

출제영역 열 – 열역학 | 정답 | ② $\Delta S_{금} < 0$, $\Delta S_{구리} > 0$, $\Delta S_{금} + \Delta S_{구리} > 0$

필수개념 클라우지우스의 엔트로피 정의, 열역학 2법칙

Key Note

기본적으로 엔트로피 증가 법칙에 대해 알고 있는지를 물어보는 단순 개념 문제이다. 고립계에서는 열을 빼앗긴 물체의 엔트로피 변화량 절대값보다 열을 얻은 물체의 엔트로피 변화량 절대값이 훨씬 크기 때문에, 전체 엔트로피 변화량의 항상 양수가 된다. 이를 만족하는 선택지를 고르는 개념 문제이다.

해설

닫힌 계(closed system)에서는 $\Delta S = \int \frac{dQ}{T}$에 의해 $\Delta Q > 0$이면 $\Delta S > 0$이 된다.

고립계(isolated system)에서는 항상 $\Delta S_{계} > 0$가 된다.

10

상자 안에 1기압, 27°C의 아르곤 기체가 들어 있다. 아르곤 기체 분자를 반지름이 $r = 2.0 \times 10^{-10} m$ 인 강체 구라고 가정하자. 아르곤 기체의 분자들이 운동하다가 서로 탄성 충돌을 한다고 가정할 때, 기체 분자들이 충돌 없이 이동할 수 있는 평균 거리 λ 의 범위는 다음 중 무엇인가? 단, 1기압은 $1.0 \times 10^5 Pa$, 볼츠만 상수는 $k = 1.4 \times 10^{-23} J/K$ 이다.

① $\lambda < 1 \times 10^{-9} m$

② $1 \times 10^{-9} m < \lambda < 1 \times 10^{-7} m$

③ $1 \times 10^{-7} m < \lambda < 1 \times 10^{-5} m$

④ $1 \times 10^{-5} m < \lambda < 1 \times 10^{-3} m$

⑤ $\lambda > 1 \times 10^{-3} m$

출제영역 열 - 기체분자 운동론 | 정답 | ② $1 \times 10^{-9} m < \lambda < 1 \times 10^{-7} m$

필수개념 평균 자유 행로 공식, 이상 기체 상태 방정식

Key Note

평균 자유 거리 공식($\lambda = \frac{1}{\sqrt{2}\pi d^2 N/V}$)에 이상 기체 상태 방정식 공식($PV = nRT = \frac{N}{N_A}RT$)을 적용해서 풀면 된다. 다만 숫자를 대입해서 근사적으로 구해내는 과정에서 계산 실수를 주의해야 한다.

해설

i) 평균자유거리 공식 : $\lambda = \frac{1}{\sqrt{2}\sigma\eta}$ or $\lambda = \frac{1}{\sqrt{2}\pi d^2 N/V}$ …①

ii) $PV = nRT = \frac{N}{N_A}RT$ 에서 $\frac{N}{V} = \frac{PN_A}{RT}$ …②

iii) ② → ① : $\lambda = \frac{RT}{\sqrt{2}\pi d^2 PN_A}$

$$\lambda = \frac{8.31 \times 300}{\sqrt{2} \times 3.14(4 \times 10^{-10})^2 \times 10^5 \times 6.02 \times 10^{23}} \simeq 5.8 \times 10^{-8} m$$

or $PV = NkT$ 에서 $\frac{N}{V} = \frac{P}{kT}$ 이므로 $\lambda = \frac{kT}{\sqrt{2}\pi d^2 P}$ 이다.

$$\therefore \lambda = \frac{1.38 \times 10^{-23} \times 300}{\sqrt{2} \times 3.14(4 \times 10^{-10})^2 \times 10^5} \simeq 5.8 \times 10^{-8} m$$

11

그림과 같이 반지름이 3.0cm인 원 모양의 고리에 전하가 고르게 분포하고 있다. 총 전하량은 0.20C이다. 고리가 있는 면에 수직한 방향으로 고리의 중심에서 4.0cm만큼 떨어진 위치 A에서 전기장의 크기에 가장 가까운 것을 고르시오.

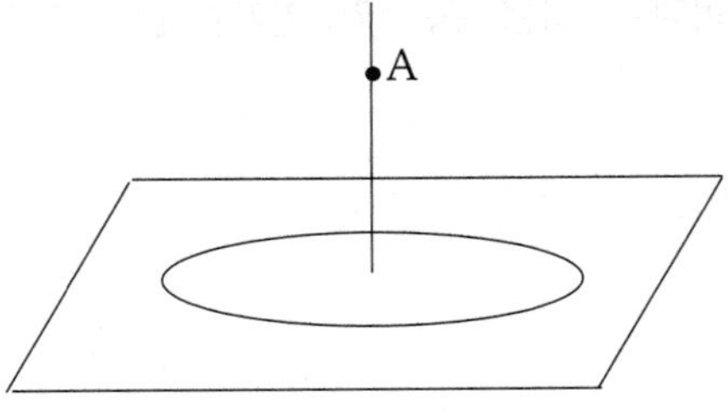

① $3.2 \times 10^{11}\ V/m$ ② $5.4 \times 10^{11}\ V/m$ ③ $5.8 \times 10^{11}\ V/m$
④ $7.2 \times 10^{11}\ V/m$ ⑤ $14.6 \times 10^{11}\ V/m$

출제영역 전자기학 – 정전기학 | 정답 | ③ $5.8 \times 10^{11}\ V/m$

필수개념 적분으로 고리 전하 중심축 상에서의 전기장 구하기

Key Note

전기력선의 대칭성이 없어서 가우스 법칙으로는 풀 수 없고, 미소 전기장($dE_z = \dfrac{1}{4\pi\epsilon_0}\dfrac{dq}{r^2}\cos\theta$)을 적분해서 풀어야 하는 대표 예제이다. 시험장 입실 전에, 미리 공부가 되어 있어야 하는 유명한 예제이고, 심지어 결과를 공식처럼 외우는 사람이 있을 정도로 자주 출제되는 예제이다. 다항 함수의 적분 같은 기초적인 적분을 할 줄 알면 누구나 풀 수 있는 문제다. 마지막에 숫자 대입할 때 계산 실수를 조심해야 한다.

해설

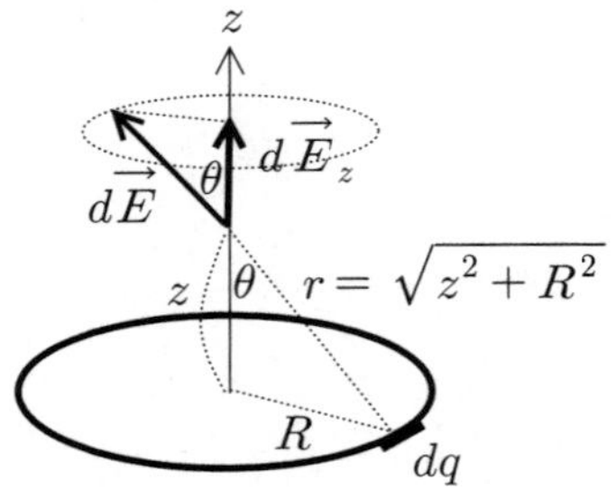

i) $dE_z = \dfrac{1}{4\pi\epsilon_0}\dfrac{dq}{r^2}\cos\theta \quad \leftarrow \cos\theta = \dfrac{z}{r}$

$= \dfrac{1}{4\pi\epsilon_0}\dfrac{z\,dq}{r^3} \quad \leftarrow r = \sqrt{z^2 + R^2}$

$= \dfrac{1}{4\pi\epsilon_0}\dfrac{z\,dq}{(z^2+R^2)^{3/2}}$

$$E = E_z = \int dE_z = \frac{1}{4\pi\epsilon_0}\frac{z}{(R^2+z^2)^{3/2}}\int dq = \frac{1}{4\pi\epsilon_0}\frac{zQ}{(R^2+z^2)^{3/2}}$$

$$= (9\times10^9)\frac{0.04\times0.2}{0.05^3} = (9\times10^9)\times8\times10^{-3}\times20^3 = 5.76\times10^{11}\ V/m$$

12

크기가 0.4C·m인 전기 쌍극자가 있다. 그림과 같이 전기 쌍극자 모멘트의 방향으로부터 60°의 각도로 0.50m 떨어진 지점 A에서의 전위에 가장 가까운 값을 골라 보시오. 단, 전기 쌍극자에서 무한히 떨어진 곳의 전위를 0V로 하며, 전기 쌍극자를 구성하는 양전하와 음전하 사이의 간격은 0.50m보다 매우 작다.

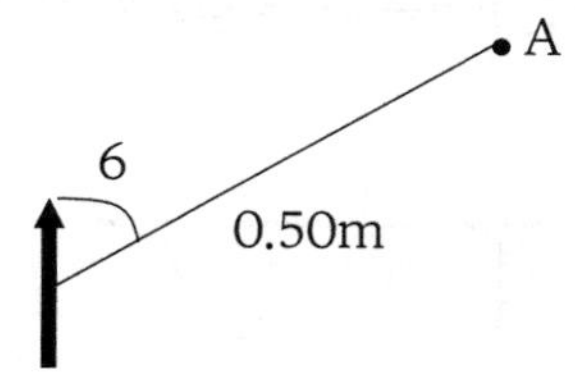

① $3.6\times10^9\,V$　② $7.2\times10^9\,V$　③ $1.2\times10^{10}\,V$
④ $1.4\times10^{10}\,V$　⑤ $2.4\times10^{10}\,V$

출제영역 전자기학 – 정전기학　| 정답 | ② $7.2\times10^9\,V$

필수개념 전기 쌍극자 모멘트, 전기 쌍극자 주위의 전위

Key Note

이 문제는 정전기학 파트에서 가장 뒷 부분에 나오는 쌍극자라는 개념 부분이다. 대부분의 학생들이 관심있게 보지 않고, 보통 포기하는 파트이다. 우선 점전하에 의한 전위 공식($V = k\frac{q}{r}$)을 외우고 있어야 하고, 두 전하로부터의 거리차를 근사($r_- - r_+ = d\cos\theta$)할 수 있어야 한다. 마지막으로 전기 쌍극자 공식($p = qd$)을 알아야 한다. 이 문제는 쌍극자에 대한 공부가 안 되어 있으면 손도 댈 수 없다. 사전에 강의를 통해 구석구석 공부를 한 사람만 풀 수 있다.

해설

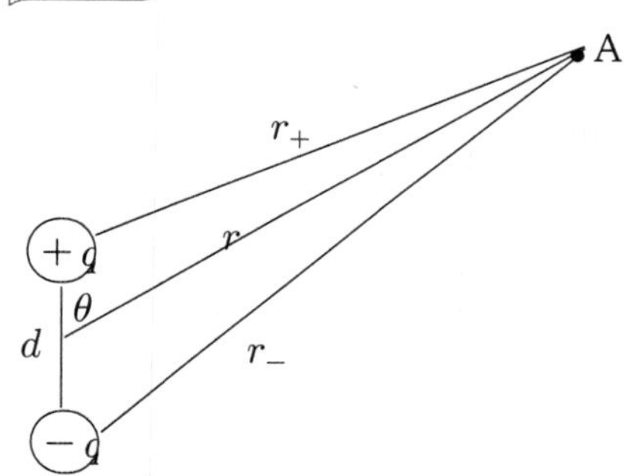

$$V = k\frac{q}{r_+} - k\frac{q}{r_-} = kq\frac{r_- - r_+}{r_+ r_-} \fallingdotseq kq\frac{d\cos\theta}{r^2} = k\frac{p}{r^2}\cos\theta = k\frac{\vec{p}\cdot\hat{r}}{r^2}$$

or $V = k\frac{\vec{p}\cdot\vec{r}}{r^3}$

$$\therefore\ V = (9\times10^9)\frac{0.4\cos60°}{0.5^2}(9\times10^9) = 7.2\times10^9\,V$$

13

면적이 각각 $12cm^2$ 인 직사각형 모양의 두 금속판을 평행하게 놓아 만든 평행판 축전기가 있다. 두 금속판 사이의 간격은 2.0cm이고, 그림과 같이 평행한 축전기를 정면에서 보았을 때 두 금속판 사이 공간의 3분의 1은 유전율이 $1.0\times10^{-11}F/m$ 인 유전체 A로 채우고, 두 금속판 사이의 3분의 2는 유전율이 $2.0\times10^{-11}F/m$ 인 유전체 B로 채운다. 평행판 축전기에 전하량 $4.0\times10^{-11}C$ 를 충전하였을 때 두 금속판 사이의 전위차는 얼마인가?

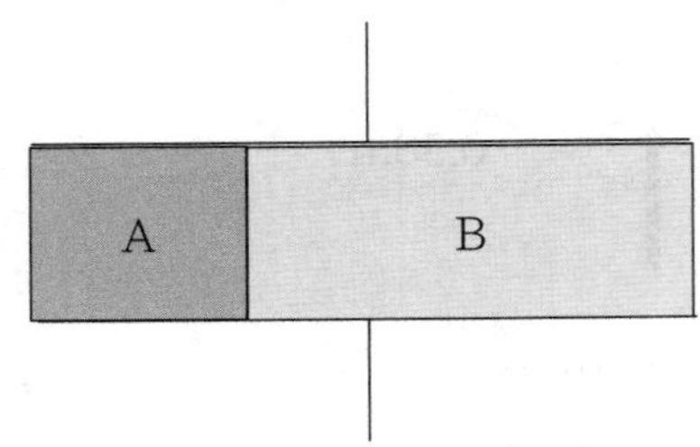

① 400V ② 200V ③ 40V
④ 20V ⑤ 4V

출제영역 전자기학 – 직류회로 I 정답 I ③ 40V

필수개념 전기용량 조작, 축전기 병렬 연결 공식, 축전기 회로 공식

Key Note

이 문제는 축전기 내부에 유전체를 집어넣어서 병렬연결처럼 푸는 문제이다. 우선 유전체가 들어 있는 축전기의 전기용량 공식($C=\epsilon\frac{A}{d}$)에 숫자를 대입해서 각 부분의 '부분 전기용량'을 구하고, 이를 이용하여 병렬 연결 공식($C_{eq}=C_1+C_2$)에 적용하면 답을 구할 수 있다. 이 문제는 '전기용량 조작'이라는 주제로 공부가 되어 있는 사람이면 쉽게 풀 수 있다.

해설

$$C_A=(1.0\times10^{-11})\frac{12\times10^{-4}\times\frac{1}{3}}{0.02}=2\times10^{-13}F\equiv C_0 \qquad C_B=(2.0\times10^{-11})\frac{12\times10^{-4}\times\frac{2}{3}}{0.02}=4C_0$$

$$C_{eq}=5C_0$$

$$V=\frac{Q}{C}=4.0\times10^{-11}\times\frac{1}{5\times2\times10^{-13}}=40\,V$$

14

저항값이 각각 10옴인 6개의 저항 A, B, C, D, E, F를 이용하여 그림과 같은 회로를 구성하였다. 직류 전원의 기전력을 일정하게 유지하면서 저항 F만 10옴에서 20옴으로 증가시키면 A, B, C, D, E 중에서 흐르는 전류의 변화량의 크기가 가장 큰 저항은 어느 것인가? 단, 직류 전원의 내부 저항은 무시한다.

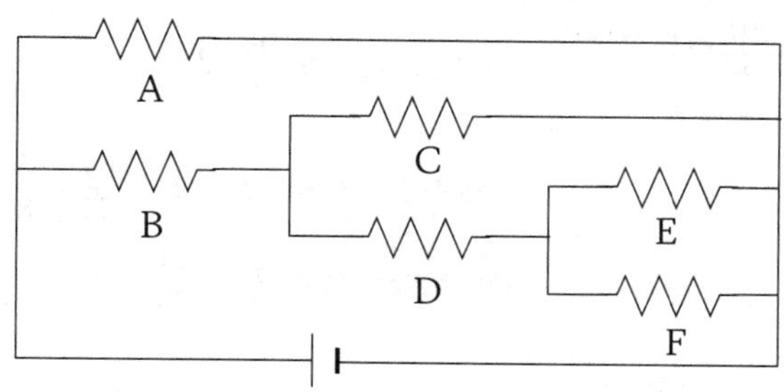

① 저항 A　　② 저항 B　　③ 저항 C
④ 저항 D　　⑤ 저항 E

출제영역 전자기학 – 직류회로　　| 정답 | ⑤ 저항 E

필수개념 옴의 법칙, 저항의 병렬 연결시 특징

Key Note

병렬연결일 때 각 저항에 흐르는 전류는 저항의 크기에 반비례한다는 것을 알면 풀 수 있다. 여러 가지 풀이가 가능하겠지만, F의 저항을 높이기 전, B에 흐르는 전류를 $I_B = I_0$로 놓고 분석하면 그나마 답을 길지 않은 시간 안에 구할 수 있다. 단, 분수가 많이 나오기 때문에 계산 과정 중 약간의 인내심이 필요하다.

해설

i) A는 독립적으로 병렬연결되어 있으므로 전압의 변화가 없다. 그러므로 전류의 변화도 없다.

ii) F가 10Ω일 때 각 저항에 흐르는 전류를 구해보자.

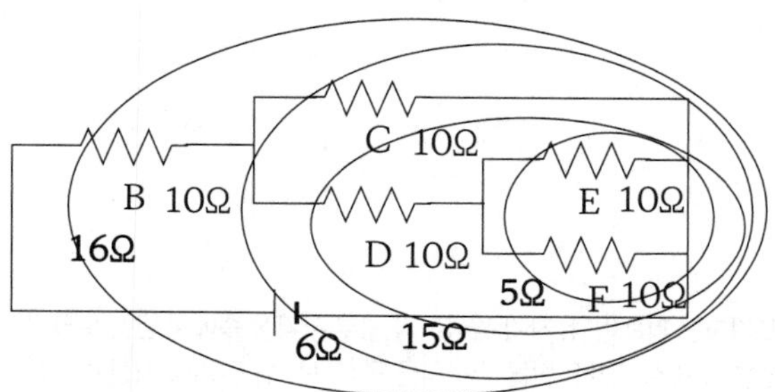

$R_{BCDEF} = 16\Omega$

B에 흐르는 전류를 $I_B = I_0$ 라고 하자.

C에 흐르는 전류는 $I_C = I_0 \times \frac{3}{5}$ 이다.

D에 흐르는 전류는 $I_D = I_0 \times \frac{2}{5}$ 이다.

E에 흐르는 전류는 $I_E = I_0 \times \frac{2}{5} \times \frac{1}{2} = \frac{1}{5} I_0$ 이다.

iii) 이제 F의 저항을 2배 증가시킨 후 각 저항에 흐르는 전류는 다음과 같다.

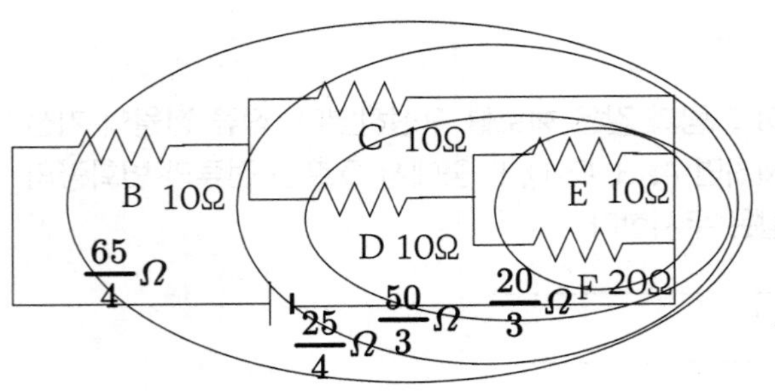

$R_{BCDEF} = \frac{65}{4}\Omega$

B에 흐르는 전류는 $I_B = I_0 \times \frac{64}{65}$ 이다.

C에 흐르는 전류는 $I_C = I_0 \times \frac{64}{65} \times \frac{5}{8} = \frac{8}{13} I_0$ 이다.

D에 흐르는 전류는 $I_D = I_0 \times \frac{64}{65} \times \frac{3}{8} = \frac{24}{65} I_0$ 이다.

E에 흐르는 전류는 $I_E = \frac{24}{65} I_0 \times \frac{2}{3} = \frac{16}{65} I_0$ 이다.

iv) 이제 각 저항에 흐르는 전류의 변화량을 구해보자.

$\Delta I_B = -\frac{1}{65} I_0 < 0$

$\Delta I_C = I_0 (\frac{8}{13} - \frac{3}{5}) = \frac{1}{65} I_0 > 0$

$\Delta I_D = I_0 (\frac{24}{65} - \frac{2}{5}) = -\frac{2}{65} I_0 < 0$

$\Delta I_E = I_0 (\frac{16}{65} - \frac{1}{5}) = \frac{3}{65} I_0 > 0$

15

균일한 자기장 내에 자기 쌍극자가 있다. 자기장의 세기가 3T이고 자기 쌍극자의 크기가 $4A \cdot m^2$ 이며 자기장의 방향과 자기 쌍극자의 방향이 이루는 각도가 30도일 때, 자기 쌍극자에 작용하는 돌림힘(torque)의 크기가 얼마인지 구하시오.

① $2\sqrt{3}$ Nm ② 3 Nm ③ $3\sqrt{3}$ Nm
④ 6 Nm ⑤ $6\sqrt{3}$ Nm

출제영역 전자기학 - 정자기학 | 정답 | ④ 6 Nm

필수개념 자기 쌍극자가 받는 토크 공식

Key Note

자기 쌍극자는 정자기학 단원 맨 마지막에 나오는 이론이라서, 대부분의 학생들이 포기하는 파트이다. 자기 쌍극자가 외부 자기장 속에서 받는 토크가 $\tau = \mu B \sin\theta$ 임을 외우고 있다면 숫자만 대입하면 되는 단순한 문제이다. 이 이론을 알고 싶다면 일반물리학 책을 구석구석 다 읽거나 최선을 다해 강의 복습을 하면 된다.

해설

$\tau = \mu B \sin\theta = 4 \times 3 \sin 30° = 6\,Nm$

16

그림과 같은 도선에 2A의 전류가 한 쪽 방향으로 흐르고 있다. 도선의 오른쪽 부분은 반원 모양이고, 왼쪽 부분은 ㄷ자 모양이다. 반원의 중심인 위치 P에서 자기장의 크기가 얼마인지 구하시오.

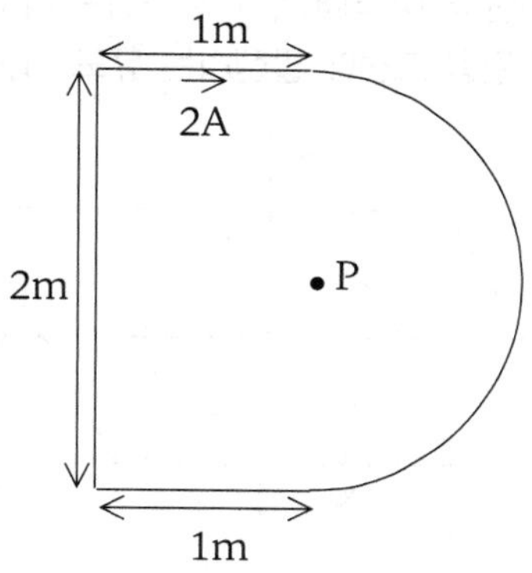

① $(\pi+4\sqrt{2})\times10^{-7}T$ ② $(2\pi+2\sqrt{2})\times10^{-7}T$ ③ $(2\pi+4\sqrt{2})\times10^{-7}T$
④ $(4\pi+2\sqrt{2})\times10^{-7}T$ ⑤ $(4\pi+4\sqrt{2})\times10^{-7}T$

출제영역 전자기학 - 정자기학 | 정답 | ③ $(2\pi+4\sqrt{2})\times10^{-7}T$

필수개념 비오-사바르 공식, 유한 직선 도선에 의한 자기장, 부채꼴 도선에 의한 자기장

Key Note

자기력선이 대칭성이 없는 경우이므로 암페어 법칙으로 풀 수 없고, 오직 비오-사바르 법칙($d\vec{B}=\frac{\mu_0 I}{4\pi}\frac{d\vec{l}\times\hat{r}}{r^2}$)으로 풀어야 한다. 특히 직선 도선에 의한 자기장($B_{직선}=\frac{\mu_0 I}{4\pi z}(\sin\theta_2-\sin\theta_1)$)과 부채꼴 도선에 의한 자기장($B_{부채꼴}=\frac{\mu_0 I}{2r}\times$ 비율)을 유도할 줄 알거나, 이 결과를 외우고 있다면, 숫자만 대입하면 답을 구할 수 있다.

해설

그림에서 $r=1m$임을 알 수 있다.

$B_{직선}=\frac{\mu_0 I}{4\pi z}(\sin\theta_2-\sin\theta_1)$를 이용한다.

$$B_{2m}=\frac{\mu_0 I}{4\pi\cdot1}(2\times\sin45°)=\frac{\sqrt{2}\mu_0 I}{4\pi\cdot1}$$

$$B_{1m}=\frac{\mu_0 I}{4\pi\cdot1}(\sin45°)\times2\text{개}=\frac{\sqrt{2}\mu_0 I}{4\pi\cdot1}$$

$$B_{반원}=\frac{\mu_0 I}{2r}\times\frac{1}{2}=\frac{\mu_0 I}{4\cdot1}$$

$$\therefore \sum B=\frac{\mu_0 I}{4\pi}(2\sqrt{2}+\pi)=\frac{4\pi\times10^{-7}\times2}{4\pi}(2\sqrt{2}+\pi)=(4\sqrt{2}+2\pi)\times10^{-7}$$

17

그림과 같이 반지름이 $5cm$ 인 원 모양의 도선이 xy 평면에서 $4cm/s$ 의 일정한 속력으로 양의 y 축 방향으로 이동하고 있다. 원의 중심은 시간이 0 초일 때 원점($x=y=z=0$)을 지난다. 자기장은 시간에 따라 변하지 않고 $\vec{B}(x,y,z)=5y\,\hat{z}$ 와 같이 y 좌표에만 의존한다. 이 식에서 y 의 단위는 m 이고 자기장의 단위는 T 이며, $\hat{z}$ 는 z 축의 양방향의 단위 벡터이다. 시간이 2 초일 때 원형 도선에 발생하는 유도 기전력의 크기를 구해 보시오.

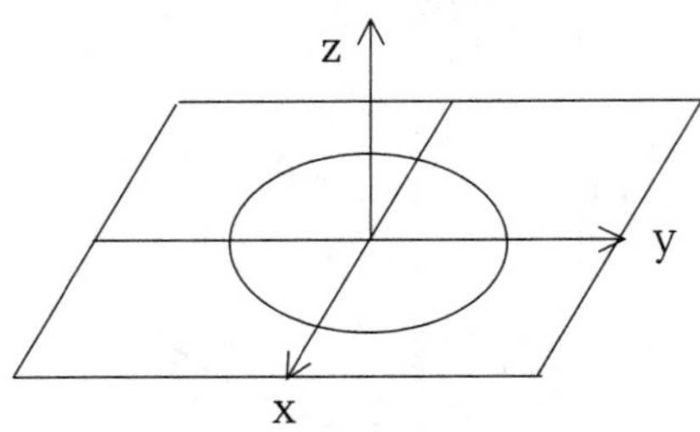

① $5\pi\times10^{-4}V$ ② $5\pi\times10^{-3}V$ ③ $5\pi\times10^{-2}V$ ④ $5\pi\times10^{-1}V$ ⑤ $5\pi V$

출제영역 전자기학 – 전자기 유도 | 정답 | ① $5\pi\times10^{-4}V$

필수개념 자속의 정의, 불균일한 자기장인 경우 적분으로 자속 구하기, 패러데이 법칙

Key Note

그 해 출제된 문제 중 최고 난이도 문제다. 우선 운동 기전력에 대한 공부가 되어 있어야 하고, 미소 자속을 $d\Phi_B=BdA$ 으로 표현할 수 있어야 하며, 극좌표계 표현($(x,y)=(R\sin\theta,\ y_0+R\cos\theta)$)을 쓸 줄 알아야 한다. 한편 수학적으로는 기함수의 적분이 0이 됨을 알아야 하고, 삼각함수의 제곱을 적분할 줄 알아야 한다. 물리적으로나 수학적으로나 고 난이도 문제다. 반드시 열심히 공부해서 이런 문제까지 풀 수 있는 실력을 배양하도록 노력하자.

해설

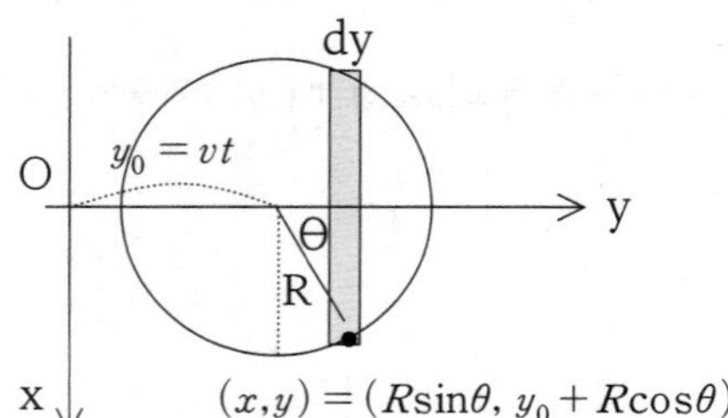

step1. $d\Phi_B=BdA=(5y)(2x\,dy)$

$=10(y_0+R\cos\theta)(R\sin\theta)(-R\sin\theta\,d\theta)$

$=-10R^2(y_0+R\cos\theta)(\sin^2\theta\,d\theta)$

step2. $\Phi_B=-10R^2\left(y_0\int_{\theta=0}^{\pi}\sin^2\theta+R\int_{\theta=0}^{\pi}\underbrace{\sin^2\theta\cos\theta d\theta}_{\text{기함수}}\right)$

← 반각 공식, $X\equiv\sin\theta$, $dX=\cos\theta\,d\theta$

$=-10R^2\left(y_0\int_{\theta=0}^{\pi}\frac{1-\cos2\theta}{2}d\theta+R\int_{X=0}^{0}X^2dX\right)$

$=-10R^2\left\{y_0\frac{1}{2}[\theta-\frac{1}{2}\sin2\theta]_0^{\pi}+0\right\}=-5\pi R^2vt$

step3. $\epsilon=\frac{d\Phi_B}{dt}=5\pi R^2v=5\pi(5\times10^{-2})^2(4\times10^{-2})=500\pi\times10^{-6}V$

cf. $\int_{\theta=0}^{\pi}\sin^2\theta\cos\theta d\theta=\frac{1}{2}\int_{\theta=0}^{\pi}\sin\theta\sin2\theta=\frac{1}{2}\delta_{12}=0$

18

저항기와 코일과 축전기, 그리고 교류 전원을 그림과 같이 연결하였다. 교류 전원의 기전력은 최댓값이 $10\,V$ 이고 진동수가 $50Hz$ 이다. 즉, 시간이 t 초일 때 교류 전원의 기전력은 $\epsilon(t) = 10\sin(100\pi t)$이다. 저항이 10Ω 이고 축전기의 전기용량이 $\frac{4}{\pi}\times 10^{-3}F$ 이고 코일의 유도용량이 $\frac{1}{\pi}\times 10^{-1}H$ 이라면, 회로에 흐르는 전류의 최댓값은 다음 중 어느 것인가?

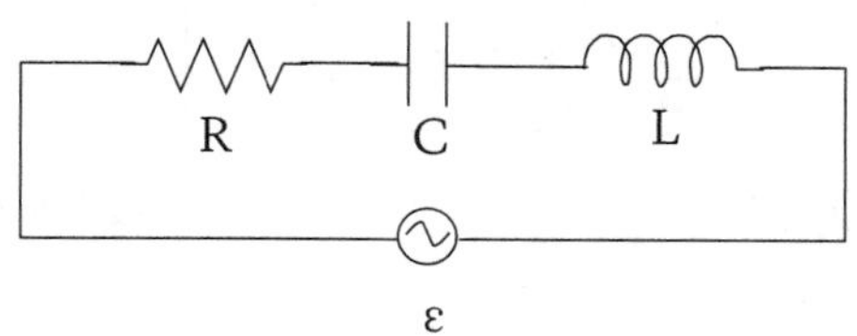

① 0.6A ② 0.8A ③ 1.0A
④ 1.2A ⑤ 1.4A

출제영역 전자기학 - 교류회로 | 정답 | ② 0.8A

필수개념 유도 리액턴스, 용량 리액턴스, 임피던스, 전류 진폭과 전압 진폭의 관계식

Key Note

리액턴스 공식($X_L = wL$, $X_C = \frac{1}{wC}$)과 임피던스 공식($Z = \sqrt{R^2 + (X_L - X_C)^2}$), 그리고 진폭끼리 관계식($\epsilon_0 = I_0 Z$)에 숫자만 대입하면 된다.

해설

기전력의 형태가 $\epsilon = \sin(wt)$이므로 $w = 100\pi$임을 알 수 있다.

$$X_L = wL = 100\pi \times (\frac{1}{\pi}\times 10^{-1}) = 10\Omega$$

$$X_C = \frac{1}{wC} = \frac{1}{100\pi \times (\frac{4}{\pi}\times 10^{-3})} = \frac{5}{2}\Omega$$

$$Z = \sqrt{R^2 + (X_L - X_C)^2} = \sqrt{10^2 + (10 - \frac{5}{2})^2} = \sqrt{\frac{625}{4}} = \frac{25}{2}\Omega$$

$$I_0 = \frac{\epsilon_0}{Z} = \frac{10}{25/2} = 0.8A$$

19

물질 A에서 물질 B를 향하여 빛이 입사할 때 입사각이 60도 이상일 때만 전반사가 일어난다. 물질 A의 굴절률이 1.50일 때 물질 B의 굴절률은 약 얼마인가?

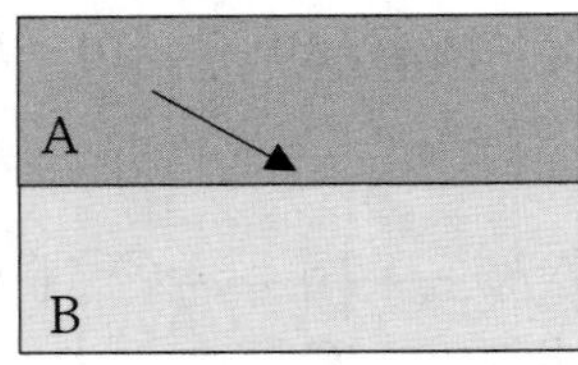

① 1.80
② 1.60
③ 1.40
④ 1.30
⑤ 1.20

출제영역 파동 - 기하광학

| 정답 | ④ 1.30

필수개념 스넬의 법칙 공식, 전반사 개념

Key Note

전반사란 밀한 매질에서 소한 매질로 입사한 빛이 굴절 없이 전부 반사되는 현상을 의미하는데, 두 매질의 굴절률을 계산할 때는 굴절각이 90。라는 사실을 스넬의 법칙에 적용한다.

해설

$n_A \sin 60° = n_B \sin 90°$ 에서 $n_B = 1.5 \times \frac{\sqrt{3}}{2} \simeq 1.3$

20

폭이 $10 \times 10^{-6}m$ 인 단일 슬릿에 파장이 500nm인 빛이 수직으로 입사하여 슬릿으로부터 2m 떨어진 스크린에 회절 무늬를 형성한다. 스크린의 중앙과 첫 번째 어두운 무늬 사이의 간격은 약 얼마인가? 단, 그림에서와 같이 스크린의 중앙은 슬릿의 중앙으로부터 오른쪽으로 2m 떨어져 있다.

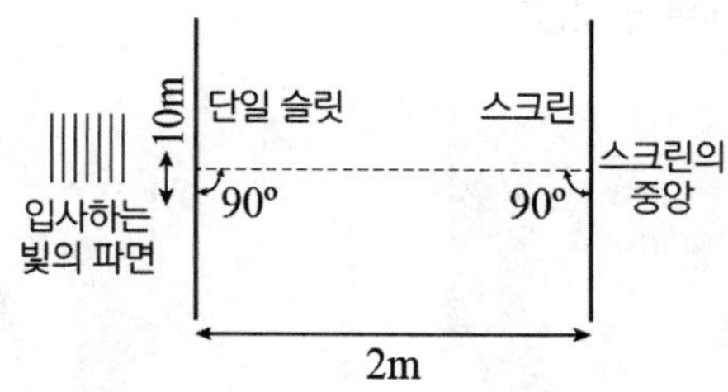

① 5mm ② 1cm ③ 2cm
④ 5cm ⑤ 10cm

출제영역 파동 - 파동광학 | 정답 | ⑤ 10cm

필수개념 이중 슬릿에서 무늬 간격 공식

Key Note

외우고 있는 공식에 단순히 숫자만 대입하면 풀리는 문제이다.

해설

$$\Delta x = \frac{L\lambda}{a} = \frac{2 \times 5 \times 10^{-7}}{10^{-5}} = 0.1m$$

21

그림과 같이 폭 2.0m, 높이 3.0m의 직사각형 모양의 문이 설치된 물탱크가 있다. 문은 아래 회전축을 기준으로 마찰 없이 회전할 수 있다. 문을 닫고 고정 핀으로 문을 고정한 후 물을 가득 채웠다. 고정 핀을 제거한 직후 문의 회전축을 기준으로 하여 문이 받는 돌림힘(torque)의 합을 Nm의 단위로 계산하시오. 단, 중력가속도는 $10.0m/s^2$, 물의 밀도는 $1.0\times10^3kg/m^3$, 문의 두께는 무시한다.

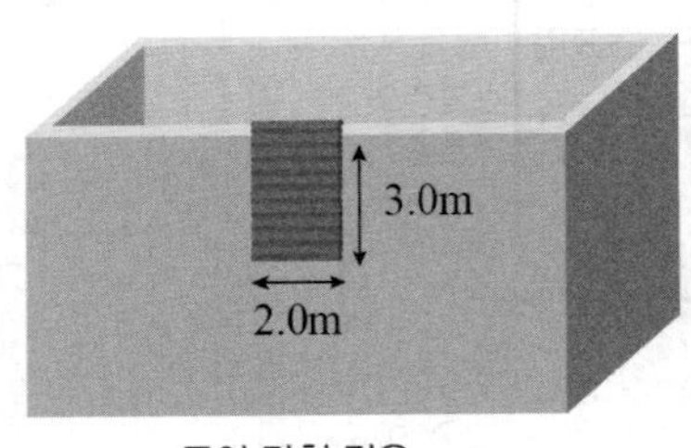

문이 닫힌 경우

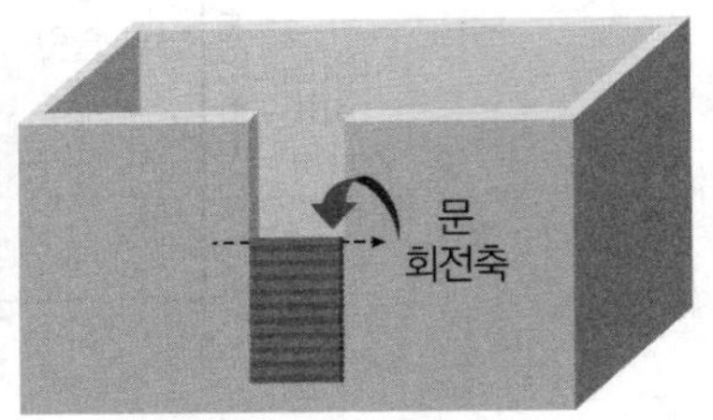

문이 열린 경우

출제영역 유체 역학 – 정역학 I 정답 I $\tau=9\times10^4Nm$

필수개념 적분을 이용해서 압력에 의한 힘 구하기

Key Note

압력에 의한 미소 힘을 이용하여 미소 토크를 구하고, 이를 적분하면 답을 얻을 수 있다.

해설

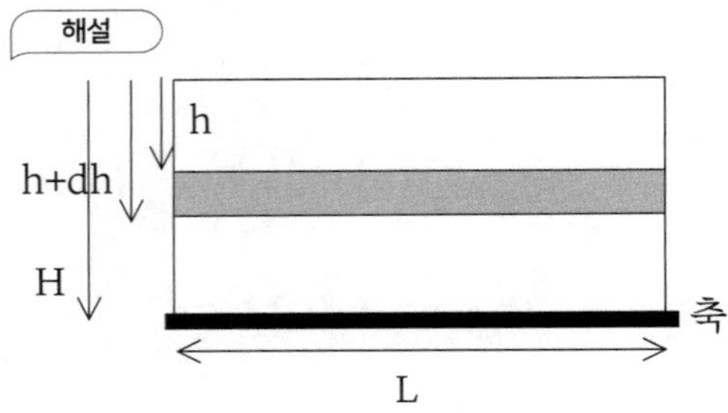

i) 미소 힘은 압력과 미소 면적의 곱이다.
압력은 ρgh이고, 미소 면적은 그림에서 회색으로 색칠한 부분의 면적이라서 $L\,dh$이다.
여기서 dh는 미소 깊이이다.

ii) 미소 토크는 '회전축으로부터 회색칠한 부분까지의 거리'와 위에서 구한 '미소힘'의 곱이다.

iii) $dF=PdA=(\rho gh)Ldh$

iv) $d\tau=(H-h)dF=(H-h)\rho gLhdh=\rho gL(Hh-h^2)dh$

$$\Rightarrow \tau=\rho gL\int_0^H(Hh-h^2)\,dh=\rho gL\left(\frac{H^3}{2}-\frac{H^3}{3}\right)$$

$$=10^3\times10\times2\times\frac{27}{6}=9\times10^4Nm$$

22

우주선 A와 우주선 B가 서로 반대 방향으로 일정한 속도로 이동하고 있다. 우주선 B와 같은 속도로 운동하는 좌표계에서 출발하였을 때 우주선 A의 속력은 빛의 속력의 0.60배이다. 우주선 안의 우주인 A는 아래 그림과 같이 A의 운동 방향과 수직한 직선 위에 측정기 A, 광원 S, 측정기 B를 우주선 A 안에 설치하였다. 우주인 A가 보기에 측정기 A와 광원 S의 간격이 10.0m이며, 광원 S와 측정기 B의 간격도 10.0m였다. 우주인 A가 광원 S의 스위치를 켰더니 광원 S로부터 모든 방향으로 빛이 나왔고, 우주선 A와 같은 속도로 운동하는 좌표계에서 광원 S에서 같은 시간에 나온 빛이 측정기 A와 측정기 B에 동시에 도달하였다. 우주선 B와 같은 속도로 운동하는 좌표계에서 측정하였을 때 광원 S에서 동시에 나온 빛이 측정기 A와 B에 도착하는 시간 차가 얼마인지 구해 보시오. 단, 빛의 속력은 $3.0\times10^8 m/s$이고, 우주선 A의 안쪽 면은 빛을 반사한다고 가정한다.

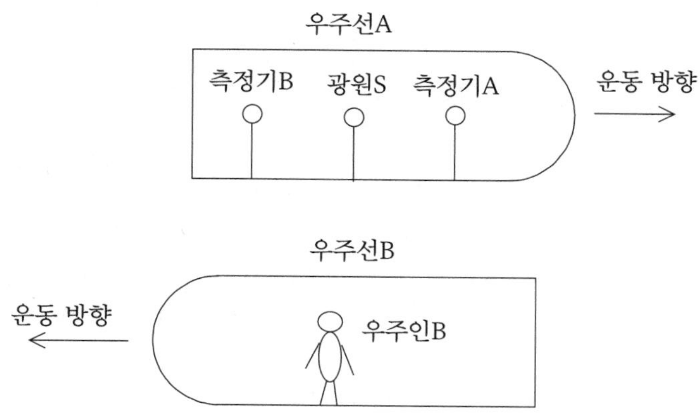

출제영역 현대물리 - 상대론

필수개념 동시성의 상대성, 로렌츠 인자, 상대론적 상대속도, 로렌츠 변환

| 정답 | $\Delta t = 5\times10^{-8}s$

Key Note

로렌츠 인자 뿐만 아니라, 로렌츠 변환까지 외우고 있어야 하는 전공 수준의 문제이다.

해설

i) $v_{rel}=0.6c$ 이므로 $\gamma_{rel}=\dfrac{1}{\sqrt{1-\dfrac{v_{rel}^2}{c^2}}}=\dfrac{1}{0.8}=1.25$이다.

ii) 우주선 A에서 시간간격이 0이므로 $\Delta t'=0$이고, 우주선 A에서 두 측정기 간격이 20m 이므로 $\Delta x'=20m$이다.

iii) 로렌츠 변환 : $\Delta x'=\gamma(\Delta x-v\Delta t)$ …①

$$\underbrace{\Delta t'}_{=0}=\gamma(\Delta t-\frac{v}{c^2}\Delta x) \cdots ②$$

역로렌츠 변환 : $\Delta x=\gamma(\Delta x'+v\underbrace{\Delta t'}_{=0})$ …③

$$\Delta t=\gamma(\underbrace{\Delta t'}_{=0}+\frac{v}{c^2}\Delta x')\cdots ④$$

④식에서

$$\Delta t=\gamma\frac{v}{c^2}\Delta x'=\frac{1}{0.8}\frac{0.6c}{c^2}\times20=\frac{3}{4c}\times20=\frac{3}{4\times3\times10^8}\times20=5\times10^{-8}s$$

2021년 연세대학교 총평

20년 유형과 같이 기호로 답을 구한 후, 식에 수치를 대입하는 유형으로 출제되었다.
곡면에서 역학적 에너지 보존 법칙, 인공위성의 운동에너지와 위치에너지, 두 공의 2차원 탄성충돌, 소리의 도플러 효과, 현의 진동, 렌즈, 이중슬릿 등의 문제가 쉽게 출제되었다.
20년 학년도에 비해 극강의 난이도 문제가 출제되지는 않았으나 상대속도, 원운동, 단진동 등은 풀기 까다롭게 출제되었다.
낙체 맞히기, 에너지 등분배 법칙, 빛의 도플러 효과 문제는 처음 출제되었다.

연세대학교 편입
기출 문제 및 해설

01

A 지점에서 v 로 출발한 물체가 마찰이 없는 곡면을 따라 운동한다. 물체가 B 지점에 도달하여 곡면을 탈출하기 위한 초속도 v 의 최솟값은?

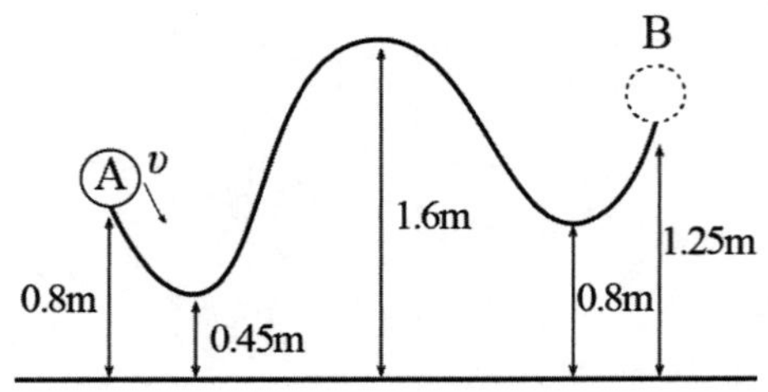

① $1m/s$ ② $2m/s$ ③ $3m/s$
④ $4m/s$ ⑤ $5m/s$

출제영역 질점역학 - 일과 에너지 I 정답 I ④ $4m/s$

필수개념 중력 퍼텐셜 에너지, 운동 에너지, 총 에너지 보존 법칙

Key Note

중학교 3학년 과학 시간에 배우는 역학적 에너지 보존 법칙 문제이다. 운동에너지($\frac{1}{2}mv^2$)와 위치에너지(mgh)와 합은 어느 지점에서나 동일하다는 수식을 적용하면 풀린다.

해설

역학적 에너지 보존 법칙을 적용하면 $\frac{1}{2}mv^2 + mgh_1 = 0 + mgh_2$에서

$v = \sqrt{2g(h_2 - h_1)} = \sqrt{2 \times 10 \times 0.8} = 4m/s$

02

질량이 m 인 인공 위성이 반지름 r 인 원운동을 하고 있다. 인공 위성의 운동에너지 K 와 위치에너지 U 간의 비(K/U)는 얼마인가?

① +2 ② −2 ③ 0
④ +0.5 ⑤ −0.5

출제영역 질점역학 – 만유인력

| 정답 | ⑤ −0.5

필수개념 인공 위성의 중력 퍼텐셜 에너지와 운동 에너지

Key Note

지표에서 위치에너지가 근사적으로 mgh 이고, 지구 밖에서 위치에너지가 $U=-\dfrac{GMm}{r}$ 임을 구분할 줄 알아야 한다. 그리고 원운동 방정식 ($\dfrac{GMm}{r^2}=m\dfrac{v^2}{r}$)을 이용하면 운동에너지가 $K=\dfrac{GMm}{2r}$ 으로 표현된다는 것을 알고 있어야 한다.

해설

$K=\dfrac{GMm}{2r}$, $U=-\dfrac{GMm}{r}$

03

화살을 쏘아 과녁에 명중시키고자 한다. 화살을 쏘는 순간 과녁은 높이 h 에서 자유낙하를 시작한다. 과녁에 화살을 명중시키기 위해서는 어느 지점을 조준해야 하는가?

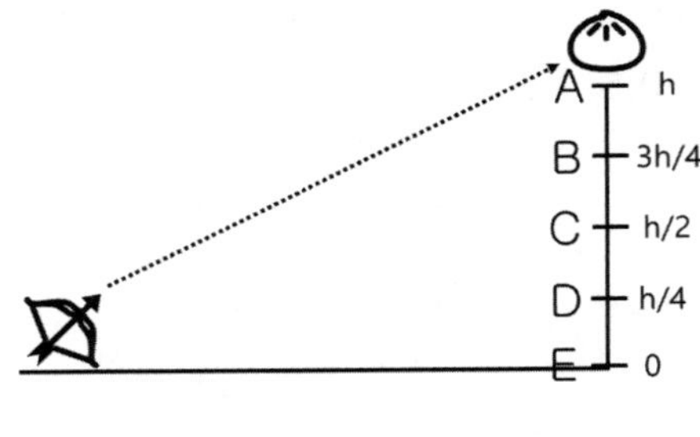

① A　② B　③ C
④ D　⑤ E

출제영역 질점역학 – 지표에서의 운동　I 정답 I ① A

필수개념 등가속도 공식

Key Note

자유낙하하는 물체의 나중 높이는 $H-\frac{1}{2}gt^2$ 이고, 그동안 날아간 화살의 나중 높이는 $v_0\sin\phi\times t-\frac{1}{2}gt^2$ 이다.

이 두 식이 같아야 명중이 되는 것이다. 즉, $v_0\sin\phi\times t=H$이다.

한편 $H=L\tan\theta$ 이고 $L=v_0\cos\phi t$ 이므로 이들을 대입하면, $v_0\sin\phi\times t=(v_0\cos\phi\times t)\tan\theta$ 이므로, $\phi=\theta$ 임을 알 수 있다.

해설

정조준한다.

04

기차가 수평면에서 서쪽으로 $50\sqrt{3}\,km/h$ 의 속력으로 운동하고 있다. 기차 승객이 하늘을 보니 독수리가 지면과 평행하게 북동쪽을 향해 $50\sqrt{6}\,km/h$ 의 속력으로 날고 있다. 상공에는 바람이 지면에 대하여 동쪽으로 $50km/h$로 불고 있다. 지면을 기준으로 하였을 때 독수리가 자력으로 내는 속도의 방향은 어떻게 되는가?

$v_{바람} = 50km/h$

바람

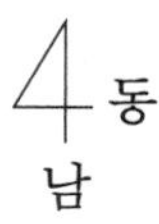

$v_{기차,독수리} = 50\sqrt{6}\,km/h$

$v_{기차} = 50\sqrt{3}\,km/h$

기차

동

남

① 북쪽
② 북쪽을 기준으로 서쪽으로 30°
③ 북쪽을 기준으로 서쪽으로 60°
④ 북쪽을 기준으로 동쪽으로 30°
⑤ 북쪽을 기준으로 동쪽으로 60°

출제영역 질점역학 - 운동학

| 정답 | ② 북쪽을 기준으로 서쪽으로 30°

필수개념 상대 속도

Key Note

상대 속도 공식($\vec{v}_{AB} = \vec{v}_B - \vec{v}_A$)을 이용해서 독수리의 속도를 구한다. 그 후 이 값이 바람에 대한 독수리의 속도임을 이용하여 상대 속도 공식을 풀면 최종 답을 구할 수 있다.

해설

i) 기차가 본 독수리의 속도 분석

$v_{기차,독수리} = 50\sqrt{6}$

$v_{독수리} = 50\sqrt{3}$

$v_{기차} = 50\sqrt{3}$

$\vec{v}_{기차,독수리} = \vec{v}_{독수리} - \vec{v}_{기차}$에서 $\vec{v}_{독수리} = \vec{v}_{기차,독수리} + \vec{v}_{기차}$이므로 $\vec{v}_{독수리} = 50\sqrt{3}\,\hat{y}$이다.

ii) 바람의 속도가 더해지지 않은 독수리의 원래 속도

$\vec{v}_{독수리} = \vec{v}_{독수리처음} + \vec{v}_{바람}$에서 $\vec{v}_{독수리처음} = \vec{v}_{독수리} - \vec{v}_{바람}$이므로 $v_{독수리처음} = 100km/h$이고, 방향은 $\tan\theta = \dfrac{50}{50\sqrt{3}}$에서 $\theta = 30°$ 이다.

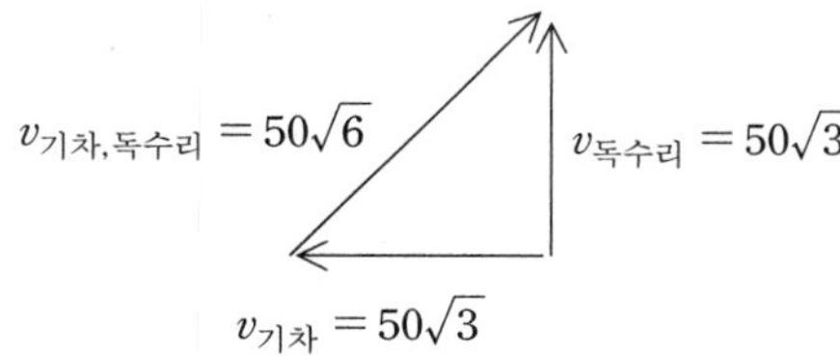

05

오른쪽 그림과 같이 질량이 m 인 공 A가 속력 v_A 를 가지고 직선 운동하다가 멈춰있던 같은 질량의 공 B와 탄성 충돌하였다. 충돌 후 공 A는 초기 운동 방향과 $+60^\circ$ 의 각으로 속력 $v_A{}'$ 으로 운동하였고, 공 B는 -30° 의 각도로 $v_B{}'$ 으로 운동하였다. $v_A : v_A{}' : v_B{}'$은?

충돌 전 　　　　 충돌 후

① $1 : 2 : 3$　　② $2 : 1 : \sqrt{3}$　　③ $\sqrt{5} : 1 : 2$
④ $2 : \sqrt{3} : 3$　　⑤ $\sqrt{2} : 1 : 3$

출제영역 질점역학 - 충돌　　| 정답 | ② $2 : 1 : \sqrt{3}$

필수개념 운동량 보존 법칙

Key Note

두 공의 2차원 충돌 문제는 x방향 운동량 보존 법칙, y방향 운동량 보존 법칙을 이용해서 푼다. 한편 탄성 충돌하였기 때문에 역학적 에너지 보존 법칙을 적용한다. 다만, 이런 수학적으로 긴 풀이보다는 운동량 벡터를 작도해서 풀면 더 빨리 구할 수 있다.

해설

충돌 전 A의 운동량 벡터는 충돌 후 A, B의 운동량 벡터의 합과 같아야 하므로, 이를 작도해 보면 다음 그림과 같다.

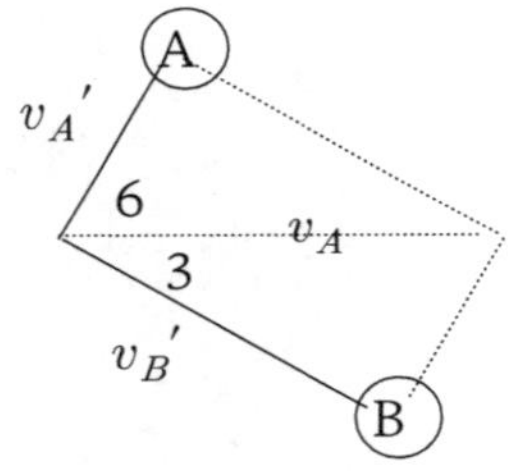

06

질량이 M 인 물체가 용수철에 연결되어 마찰이 없는 수평면 위에서 진동을 하고 있다. 평형 지점(equilibrium point)으로부터 진폭이 가장 큰 지점 A에 도달하는 순간, 연직 위로부터 질량이 m 인 진흙이 떨어져 물체에 붙었다. 이 때, 최대 진폭과 주기의 변화에 대한 설명으로 올바른 것을 고르면?

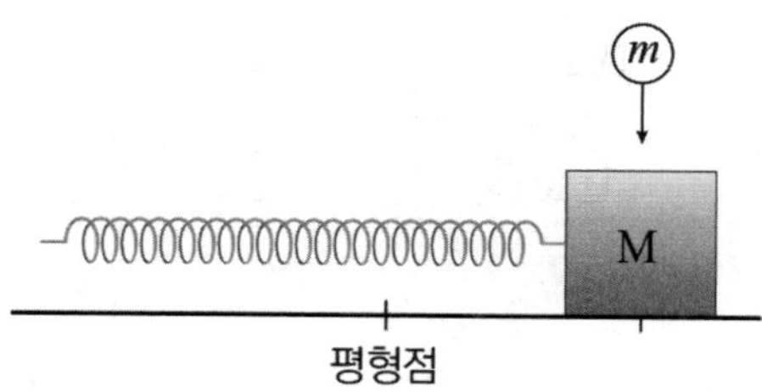

① 진폭은 변함없고, 주기는 증가한다.
② 주기는 변함없고, 진폭은 증가한다.
③ 진폭은 변함없고, 주기는 감소한다.
④ 주기는 변함없고, 진폭은 감소한다.
⑤ 진폭과 주기 모두 변하지 않는다.

출제영역 질점역학 – 단진동

필수개념 용수철 단진동 주기, 역학적 에너지 보존 법칙

| 정답 | ① 진폭은 변함없고, 주기는 증가한다.

Key Note

용수철 주기 공식 $T=2\pi\sqrt{\dfrac{m}{k}}$ 을 적용한다.

해설

탄성에너지가 변하는 것은 아니므로 진폭은 불변이다.

07

마찰이 없는 수평면 위에 질량이 $1kg$ 인 물체가 반경 $2m$ 와 각속도 $1rad/s$ 로 회전 운동하고 있다. 이 물체는 회전 중심에 위치한 작은 구멍을 통해 아주 가벼운 줄과 연결되어 있다. 줄을 회전 평면의 수직 아래 방향으로 잡아당겨 물체의 회전 반경을 $1m$ 로 감소하는 데 필요한 일의 크기를 구하시오.

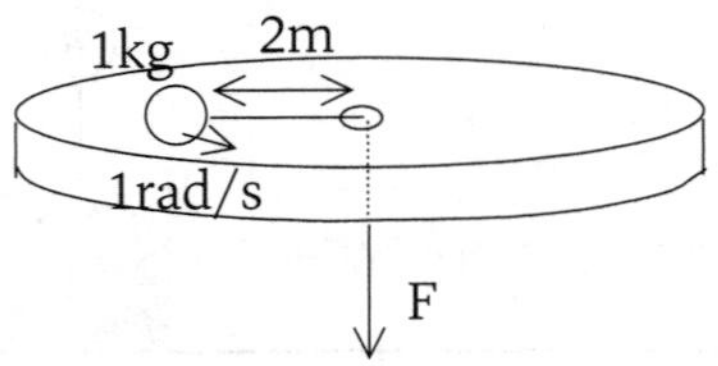

① $2J$ ② $4J$ ③ $6J$
④ $8J$ ⑤ $10J$

출제영역 질점역학 – 원운동 | 정답 | ③ $6J$

필수개념 원운동 방정식, 각운동량 보존 법칙, 일과 에너지 정리

Key Note

이 문제처럼 장력으로 원운동이 일어나는 경우 회전축에 대한 장력 토크가 0이므로, 공에 대해 각운동량 보존 법칙이 성립한다.

해설

i) 평형점 : 운동방정식 $F_0 = mr_0 w_0^2$ …①

ii) 각운동량 보존법칙 : $mr_0^2 w_0 = mv_1 r_1 \Rightarrow v_1 = \frac{r_0^2 w_0}{r_1} = \frac{2^2 \times 1}{1} = 4m/s$ …②

iii) 일과 에너지 정리 : $W_{비} = \Delta K + \Delta U = \frac{1}{2} \times 1(4^2 - 2^2) + 0 = 6J$

08

그림과 같이 $300Hz$ 의 사이렌 소리를 내는 구급차가 벽면을 향해 일정한 속력 $40m/s$ 로 운동하고 있다. 벽면에서 반사된 사이렌 소리를 구급차의 운전수가 듣는다면 그 진동수가 얼마인지 구해 보시오. 단, 소리의 속력은 $340m/s$ 이다.

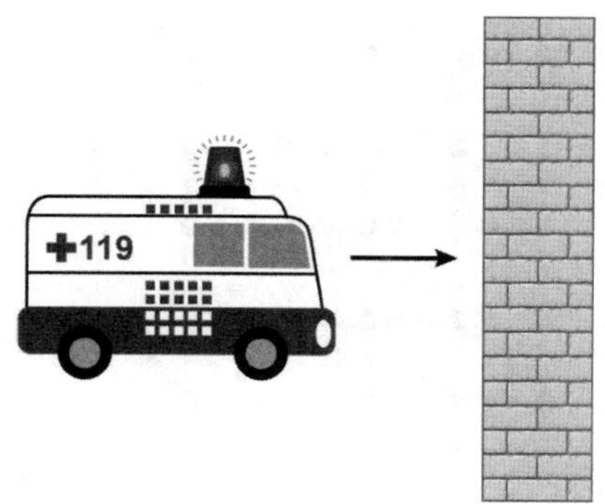

① $220Hz$　② $260Hz$　③ $300Hz$
④ $340Hz$　⑤ $380Hz$

출제영역 파동 – 역학적 파동　| 정답 | ④ $340Hz$

필수개념 도플러 효과

Key Note

도플러 효과 공식($f = f_0 \frac{V \pm v}{V \mp v}$)을 적용하면 된다. 단, 벽에 반사된 이후에는 구급차가 검출기(detector) 역할을 한다.

해설

i) $f_1 = f_0 \frac{V}{V-v}$

ii) $f_2 = f_1 \frac{V+v}{V} = (f_0 \frac{V}{V-v}) \frac{V+v}{V} = f_0 \frac{V+v}{V-v} = 300 \times \frac{340+40}{340-40} = 300 \times \frac{380}{300} = 380Hz$

09

단원자 N개로 이루어진 이상적인 고체를 용수철로 연결된 공으로 근사하자. 등분배 원리(equipartition principle)을 바탕으로 고체의 1몰 당 열용량(molar heat capacity)을 근사하면 기체 상수 R (gas constant)의 몇 배가 되는가?

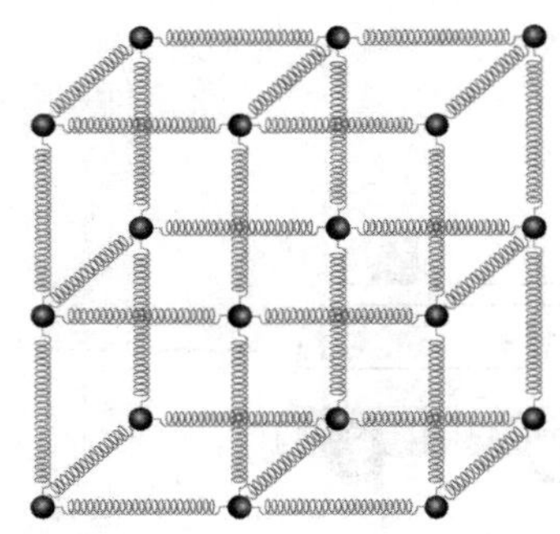

① 1/2　　② 3/2　　③ 2
④ 5/2　　⑤ 3

출제영역 열 - 기체 분자 운동론　　I 정답 I ⑤ 3

필수개념 에너지 등분배 법칙, 등적 몰비열

Key Note

자유도 하나당 $\frac{1}{2}kT$ 의 에너지를 갖는다.

해설

$c_V = \frac{6}{2}R = 3R$

10

거리가 $1.0m$ 떨어진 두 벽 사이에 긴 줄이 고정되어 있다. 이 줄이 그림과 같이 주파수가 $1000Hz$ 인 정상파(standing wave)를 이룰 때 파동의 전파 속력은 얼마인가?

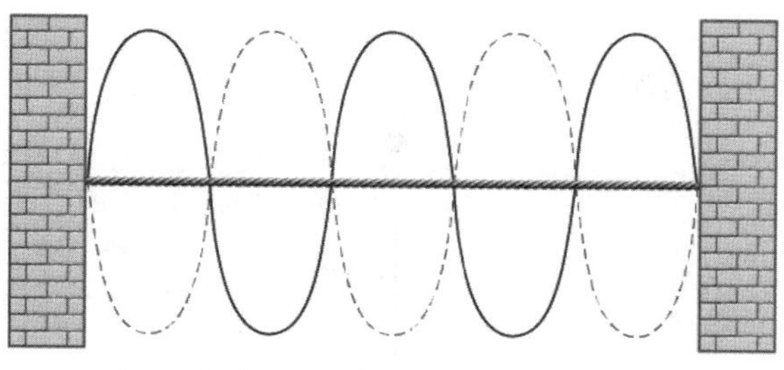

① $100m/s$　　② $200m/s$　　③ $300m/s$
④ $400m/s$　　⑤ $500m/s$

출제영역 파동 - 역학적 파동　　　**| 정답 |** ④ $400m/s$

필수개념 현의 진동에서 정상파 파장, 전파 속력 공식

Key Note

현의 진동에서 파장 공식 $\lambda = \dfrac{L}{n} \times 2$ 과 파동의 전파 속력 공식 $v = f\lambda$ 에 숫자만 대입하면 된다.

해설

i) 배의 개수가 5개이므로 파장은 $\lambda = \dfrac{L}{5} \times 2 = 0.4m$ 이다.

ii) $v = f\lambda = 1000 \times 0.4 = 400m/s$

11

전하량 $+q$ 의 점입자가 유전상수(dielectric constant)가 4인 유전체 안에 있다. 그림과 같이 길이가 d 인 정사각형의 중심으로부터 면에 수직인 방향으로 $d/2$ 만큼 떨어진 지점에 점입자가 있을 경우, 정사각형을 통과하는 전기 선속(electric flux)은 얼마인가?

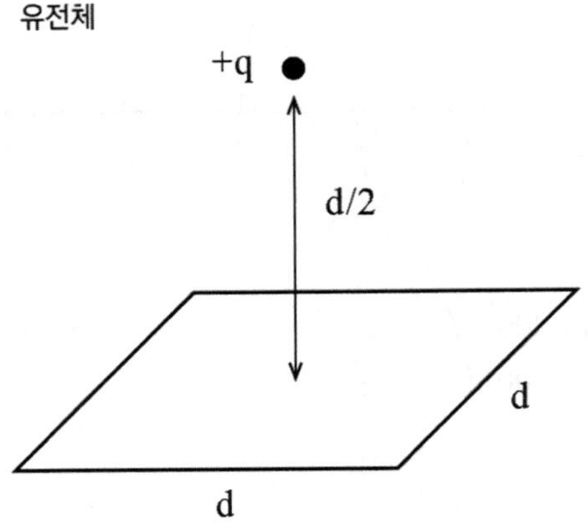

① $\dfrac{q}{8\epsilon_0}$　② $\dfrac{q}{24\epsilon_0}$　③ $\dfrac{q}{24\epsilon_0}$

④ $\dfrac{q}{6\epsilon_0}$　⑤ $\dfrac{q}{6\epsilon_0 d}$　⑥ $\dfrac{q}{2\epsilon_0 d}$

출제영역 전자기학 – 정전기학　　| 정답 | ③ $\dfrac{q}{24\epsilon_0}$

필수개념 가우스 법칙

Key Note

이 문제는 가우스 법칙을 이용해서 전기장을 구하는 문제($\oint \vec{E}\cdot d\vec{A} = \dfrac{Q_{in}}{\epsilon}$)가 아니라, 전기선속을 구하는 문제($\Phi_E = \dfrac{Q_{in}}{\epsilon}$)이다.

해설

$$\Phi_E = \frac{Q_{in}}{\epsilon} \times \frac{1}{6} = \frac{q}{4\epsilon_0} \times \frac{1}{6} = \frac{q}{24\epsilon_0}$$

12

두 전기 쌍극자 (electric diode)가 $1.5\times10^{-10}C\cdot m$ 의 같은 크기의 쌍극자 모멘트를 갖고 있다. 쌍극자의 중심 사이의 간격은 $1.0cm$ 이며, 쌍극자 B의 중심은 A의 축방향에 위치하였다. 쌍극자 B의 축방향은 쌍극자 A의 방향에서 $30°$ 만큼 기울어져 있을 때, 쌍극자 A가 쌍극자 B에 작용하는 돌림힘 (torque)의 크기로 가장 가까운 것을 고르시오. 단, 전기 쌍극자를 구성하는 양전하와 음전하 사이의 간격은 $1.0m$ 보다 매우 작다.

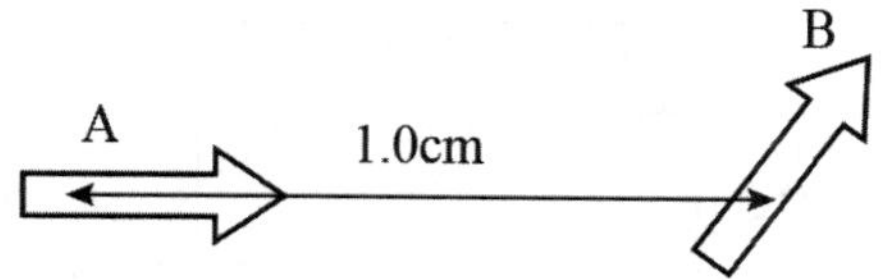

① $2.0\times10^{-4}N\cdot m$ ② $5.0\times10^{-4}N\cdot m$ ③ $1.5\times10^{-3}N\cdot m$
④ $4.0\times10^{-3}N\cdot m$ ⑤ $1.0\times10^{-2}N\cdot m$

출제영역 전자기학 – 정전기학 | 정답 | ① $2.0\times10^{-4}N\cdot m$

필수개념 전기 쌍극자 축 상에서의 전기장, 전기 쌍극자가 받는 토크

Key Note

전기 쌍극자는 정전기학의 마지막 파트라서 대부분의 학생들이 포기하고 그냥 넘어가는 파트이다. 우선 점전하에 의한 전기장 공식($E=\frac{1}{4\pi\epsilon_0}\frac{q}{r^2}$)을 적용하고, 이항전개를 해서 쌍극자에 의한 전기장을 구해야 한다. 다음으로는 쌍극자가 외부 전기장 속에서 받는 토크 공식($\tau=pE\sin\theta$)을 외웠다가 숫자를 대입하면 답을 구할 수 있다.

해설

i) 전기 쌍극자 축 상에서의 전기장 :

$$E=\frac{1}{4\pi\epsilon_0}[\frac{q}{(z-\frac{d}{2})^2}-\frac{q}{(z+\frac{d}{2})^2}]\simeq\frac{q}{4\pi\epsilon_0 z^2}[(1+\frac{d}{z})-(1-\frac{d}{z})]=\frac{2qd}{4\pi\epsilon_0 z^3}$$

ii) 토크 :

$$\tau=pE\sin\theta=p\times\frac{2p}{4\pi\epsilon_0 z^3}\sin30°=9\times10^9\times\frac{(\frac{3}{2}\times10^{-10})^2}{(10^{-2})^3}\simeq2\times10^{-4}Nm$$

13

그림과 같은 회로가 있고 처음에는 스위치가 열려 있어 축전기들은 방전되어 있었다. 스위치를 닫고 시간이 한참 지난 후 전압계가 측정할 값으로 가장 가까운 것을 골라 보시오.

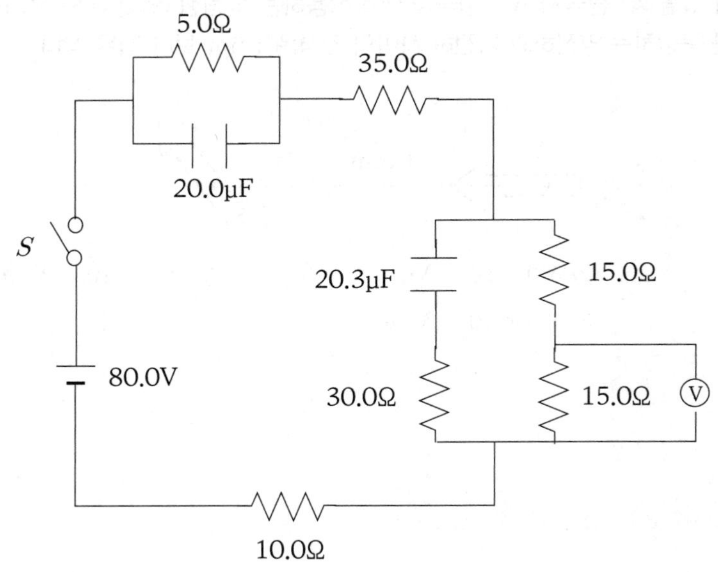

① 5 V　② 9 V　③ 12 V
④ 15 V　⑤ 18 V

출제영역 전자기학 – 직류회로　I 정답 I ④ 15 V

필수개념 완충시 축전기의 특징, 옴의 법칙

Key Note

완충되었을 때는 축전기에 전류가 흐르지 않기 때문에 축전기를 지우고 회로를 분석하면 된다.

해설

완충 이후 축전기 쪽으로 전류가 흐르지 않는다.
총 저항이 80Ω이므로 총 전류는 1A이다.

14

$20mF$ 의 전기용량을 갖고 있는 축전기가 $5V$ 까지 충전되었다. 이후, 전지와의 연결을 끊고 축전기를 $20mH$ 의 인덕터(inductor)와 연결하였다. 인덕터에 흐르는 전류의 최댓값으로 가장 가까운 것은 다음 중 어느 것인가? 단, 회로의 저항은 무시한다.

① $0.5A$ ② $2.0A$ ③ $5.0A$
④ $7.5A$ ⑤ $15A$

출제영역 전자기학 - 교류회로

I 정답 I ③ $5.0A$

필수개념 축전기의 저장 에너지, 인덕터의 저장 에너지, LC 진동 회로에서 총에너지 보존

Key Note

LC 진동 회로 문제는 용수철 단진동 문제와 유사하게, 한 쪽의 에너지가 다른 쪽으로 전달된다. 여기서는 축전기의 전기 에너지($\frac{1}{2}CV^2$)가 인덕터의 자기 에너지($\frac{1}{2}LI^2$)로 전환된다.

해설

에너지 보존 법칙을 적용하면 $\frac{1}{2}CV^2 = \frac{1}{2}LI^2$ 에서 $I = V\sqrt{\frac{C}{L}} = 5\sqrt{\frac{20\times10^{-3}}{20\times10^{-3}}} = 5A$

15

초점거리가 $12cm$ 인 볼록렌즈의 왼쪽에 화살표 모양의 물체가 렌즈로부터 $4cm$ 만큼 떨어져 위치한다. 렌즈에 의한 물체의 상은 렌즈를 기준으로 하여 어느 곳에 만들어 지는가?

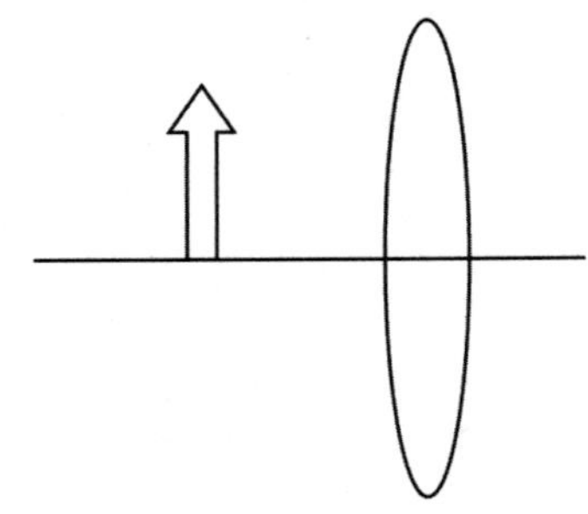

① 왼쪽으로 $16cm$　② 왼쪽으로 $8cm$　③ 왼쪽으로 $6cm$
④ 오른쪽으로 $6cm$　⑤ 오른쪽으로 $8cm$

출제영역 파동 – 기하 광학　| 정답 | ③ 왼쪽으로 $6cm$

필수개념 렌즈 공식

Key Note

렌즈 공식($\frac{1}{a}+\frac{1}{b}=\frac{1}{f}$)에 숫자만 대입하면 되는 단순 계산 문제이다.

해설

렌즈 공식 : $\frac{1}{4}+\frac{1}{b}=\frac{1}{12}$에서 $\frac{1}{b}=\frac{1}{12}-\frac{1}{4}=-\frac{1}{6}$이므로 $b=-6$

16

세기가 I_0 인 비편광된 빛이 세 개의 이상적인 편광판을 통과한다. 편광판의 면은 모두 평행하도록 놓여 있으며, 첫 번째 편광판과 세 번째 편광판의 편광축은 수직이다. 두 번째 평관판의 경우 편광축을 회전할 수 있다. 두 번째 편광판의 편광축 θ 는 첫 번째 편광판의 편광축이 틀어진 각도로 나타내자. 두 번째 편광판의 편광 각도가 $\theta_1 = 30°$ 인 경우 세 개의 편광판을 모두 통과한 빛의 세기를 I_1' 라고 하고, 두 번째 편광판을 회전시켜 $\theta_2 = 45°$ 인 경우에 세 개의 편광판을 모두 통과한 빛의 세기를 I_2' 라고 두자. 다음 중 I_1' , I_2' 의 값으로 알맞은 것을 다음 중 고르시오.

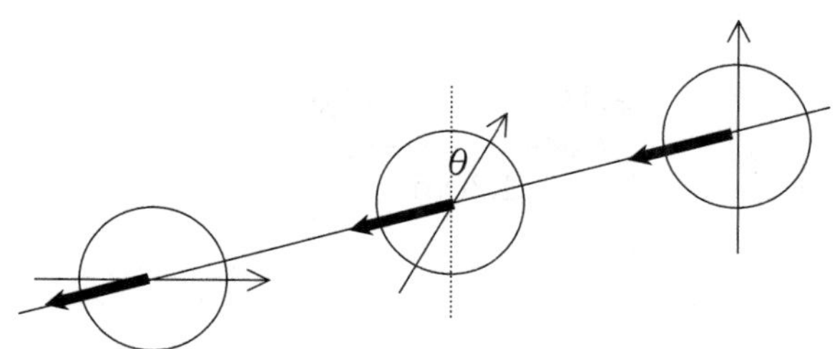

① $\frac{I_0}{8}$, 0
② $\frac{\sqrt{3}\,I_0}{8}$, $\frac{I_0}{4}$
③ $\frac{3I_0}{32}$, $\frac{I_0}{8}$
④ $\frac{I_0}{8}$, $\frac{\sqrt{3}\,I_0}{8}$
⑤ $\frac{3I_0}{16}$, $\frac{I_0}{4}$

출제영역 파동 - 파동 광학

| 정답 | ③ $\frac{3I_0}{32}$, $\frac{I_0}{8}$

필수개념 말뤼스의 법칙

Key Note

말뤼스의 법칙($I_1 = I_0\cos^2\theta$)에 두 번 반복해서 숫자만 대입하면 된다.

해설

i) $\theta_1 = 30°$ 일 때 세기 :

$$I_1' = I_0 \times \frac{1}{2} \times \cos^2 30° \times \cos^2 60° = I_0 \times \frac{1}{2} \times \frac{3}{4} \times \frac{1}{4} = \frac{3}{32} I_0$$

ii) $\theta_2 = 45°$ 일 때 세기 :

$$I_1' = I_0 \times \frac{1}{2} \times \cos^2 45° \times \cos^2 45° = I_0 \times \frac{1}{2} \times \frac{1}{2} \times \frac{1}{2} = \frac{1}{8} I_0$$

17

그림과 같이 $1.30m$ 떨어진 두 지점에서 같은 위상(phase)의 라디오 신호가 발생한다. 두 지점에서 멀리 떨어져 주위를 한 바퀴 돌면서 라디오 신호의 세기를 측정하고자 한다. 주위를 한 바퀴 돌 때 라디오 신호가 상쇄되어 측정이 되지 않는 위치는 몇 번 나타나는지 구하시오. 파장은 $0.5m$ 이다.

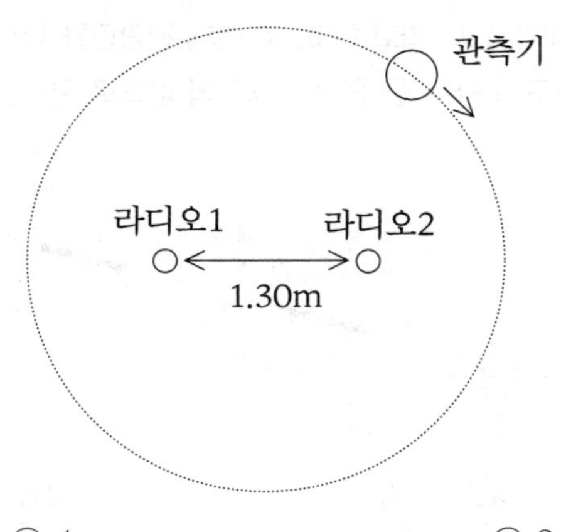

① 2　　② 4　　③ 8
④ 12　　⑤ 24

출제영역 파동 - 역학적 파동　　| 정답 | ④ 12

필수개념 물결파 간섭 실험에서 마디선의 간섭 조건

Key Note

마디선의 상쇄간섭이 일어나므로 상쇄 간섭 조건($\left| \frac{\lambda}{2}(2m+1) \right| < d$)을 적용해서 마디선의 총 개수를 찾을 수 있다.

해설

마디선의 간섭 조건은 $-d < \varDelta = \frac{\lambda}{2}(2m+1) < d$이므로 $-1.3 < \frac{1}{4}(2m+1) < 1.3$이다.
$-3.1 < m < 2.1$에서 $m = -3, -2, -1, 0, 1, 2$이므로 총 6개의 마디선이 존재한다.
그러므로 12번 상쇄 지점이 관찰된다.

〈2〉 빠른 풀이
중앙의 경로차가 $\varDelta = 0$ 이고, 한 쪽 음원에서 경로차가 $\varDelta = 2.6\lambda$ 이다.
그러므로 중앙에서 오른쪽 음원에는 $\varDelta = 0.5\lambda, 1.5\lambda, 2.5\lambda$ 인 마디선이 지나가고, 중앙에서 왼쪽 음원에도 $\varDelta = 0.5\lambda, 1.5\lambda, 2.5\lambda$ 인 마디선이 지나간다.
그러므로 마디선의 개수는 총 6개이다. 그러므로 12번의 상쇄 지점이 관찰된다.

18

그림과 같이 폭이 d 인 단일 슬릿에 파장이 λ 인 빛이 수직으로 입사하여 슬릿으로부터 매우 떨어진 스크린에 회절무늬를 만든다. $d = 10\lambda$ 라고 가정하자. 슬릿에서 스크린을 바라보았을 때 빛의 세기가 제일 큰 방향과 첫 번째 어두운 무늬가 나타내는 방향 사이의 각도 θ 는 약 몇 도인가?

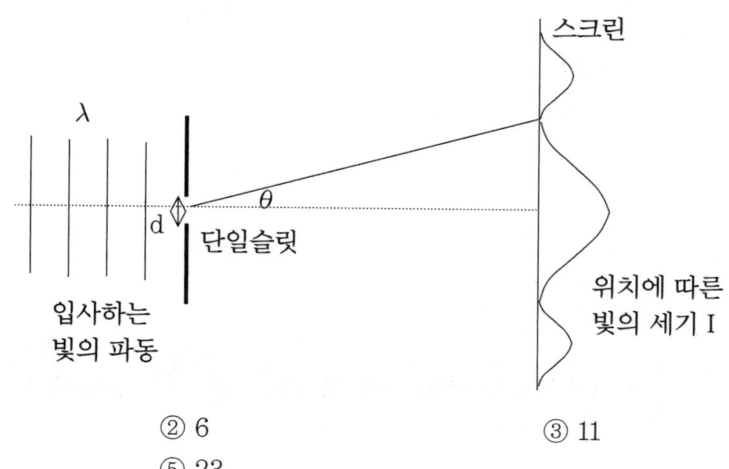

① 3　② 6　③ 11
④ 15　⑤ 23

출제영역 파동 – 파동광학　　| 정답 | ② 6

필수개념 단일슬릿에서 경로차와 간섭조건

Key Note

단일슬릿에서 첫 번째 상쇄 간섭의 조건은 $\varDelta = 1\lambda$ 이다. 그리고 일반적인 경로차 식은 $\varDelta = d\sin\theta$ 이다. 이 둘을 연립하면 답을 구할 수 있다.

해설

$\varDelta = d\sin\theta = 1\lambda$ 에서 $\sin\theta = \dfrac{\lambda}{d} = \dfrac{1}{10}$ 이므로 $\theta \simeq 5.7°$

19

우주선 A와 우주선 B가 상대속력 $0.60c$으로 점점 가까워지고 있다. c는 빛의 속력이며, 우주선 A에서 진동수 f_0의 빛을 발사하였을 때, 우주선 B에 탑승한 관찰자가 측정한 빛의 진동수가 얼마인지 구해 보시오.

① $\frac{f_0}{2}$ ② $\frac{\sqrt{3}f_0}{2}$ ③ $\frac{8f_0}{5}$

④ $2f_0$ ⑤ $\frac{5f_0}{2}$

출제영역 현대물리 - 상대론 | 정답 | ④ $2f_0$

필수개념 빛의 세로 도플러 효과 공식

Key Note

음파가 세로 도플러 현상($f = f_0\frac{V \pm v_d}{V \mp v_s}$)을 일으키듯이, 빛 또한 세로 도플러 현상($f = f_0\sqrt{\frac{c \pm v}{c \mp v}}$)을 일으킨다.

해설

$$f = f_0\sqrt{\frac{c+v}{c-v}} = f_0\sqrt{\frac{1.6}{0.4}} = 2f_0$$

20

그림과 같이 $8.0\,V$ 의 기전력을 갖는 파워 서플라이, $30.0M\Omega$ 의 저항기, 전기용량이 C 인 축전기, 그리고 스위치 S 로 이루어진 회로가 있다. 축전기는 평행한 원형 의 두 금속판으로 이루어져 있으며, 금속판의 반지름은 $6.0cm$ 이고, 진공을 사이에 두고 $3.0mm$ 만큼 떨어져 있다. 스위치를 연결하기 전에는 축전기는 방전되어 있다. 스위치를 연결하고 $1.0ms$ 시간이 흐른 후, 축전기 금속판 중심에서 $3.0cm$ 에 위치한 축전기 내부 지점에서의 자기장의 크기를 개략적으로 구하시오. 단, 축전기 평행판 바깥 공간에서의 전기장은 무시한다.

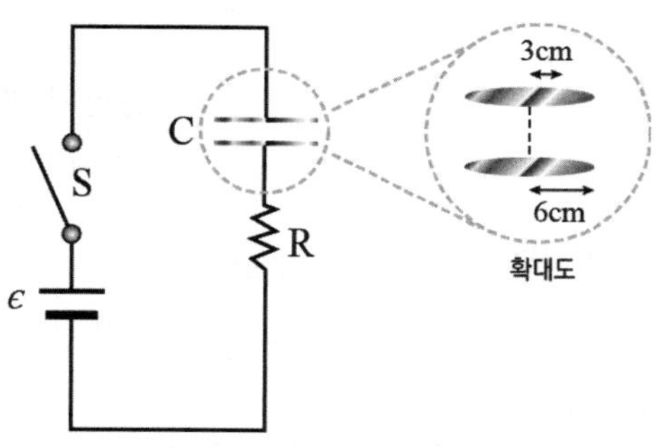

① $2.0\times10^{-13}T$　② $5.0\times10^{-13}T$　③ $1.0\times10^{-11}T$
④ $8.0\times10^{-9}T$　⑤ $12.0\times10^{-7}T$

출제영역 전자기학 - 직류회로와 정자기학　| 정답 | ① $2.0\times10^{-13}T$

필수개념 전기용량 공식, RC회로의 시간상수 공식, RC회로에서 시간에 따른 전류 함수, 수정된 암페어 법칙

Key Note

축전기 공식($C=\epsilon_0\dfrac{A}{d}$)에 숫자를 대입하고, RC회로 시간 상수 공식($\tau=RC$)에 숫자를 대입한 후, RC회로에서 시간에 따른 전류 식($I_C=\dfrac{\epsilon}{R}e^{-\frac{1}{\tau}t}$)에 숫자를 대입하고, 마지막으로 수정된 암페어 법칙($\oint\vec{B}\cdot d\vec{A}=\mu_0\epsilon_0\dfrac{d\Phi_E}{dt}$)에서 충전 중인 축전기 내부 자기장을 구한다.

해설

i) $C=\epsilon_0\dfrac{A}{d}=(\dfrac{10^{-9}}{36\pi})\dfrac{\pi(6\times10^{-2})^2}{3\times10^{-3}}=\dfrac{10^{-10}}{3}F$

ii) $\tau=RC=(3\times10^7)(\dfrac{10^{-10}}{3})=10^{-3}s$

iii) $I_C=\dfrac{\epsilon}{R}e^{-\frac{1}{\tau}t}=\dfrac{8}{3\times10^7}e^{-1}$

iv) $B\cdot2\pi r=\mu_0(I_C\times\dfrac{\pi r^2}{\pi R^2})=\mu_0(I_C\times\dfrac{1}{4})$

$\Rightarrow B\cdot2\pi(3\times10^{-2})=(4\pi\times10^{-7})(\dfrac{8}{3\times10^7}\times0.37\times\dfrac{1}{4})$

$\Rightarrow B=16\times10^{-14}=1.6\times10^{-13}T$

21

그림과 같이 운동마찰계수(coefficient of kinetic friction)가 0.50 인 수평면 위에 질량이 $0.90kg$ 인 나무상자가 정지해 있다. 나무 상자의 오른쪽에서 질량이 $0.10kg$ 이고 비열(specific heat)이 $150J/kg\cdot℃$ 인 금속 총알이 일정한 속력 $100m/s$ 로 날아와 금새 나무 상자에 박히고, 그 후로는 나무 상자와 함께 운동하였다. 충돌시 손실된 운동에너지가 금속의 총알의 온도를 올리는 데 모두 쓰였다면, 1) 금속 총알의 온도가 얼마나 증가할지 구하시오. 2) 또한 총알이 박힌 나무 상자가 정지할 때까지 이동한 거리 d 를 구하시오. 단, 중력 가속도는 $10m/s^2$ 이다. 1)과 2)에 대한 해답을 모두 작성하시오.

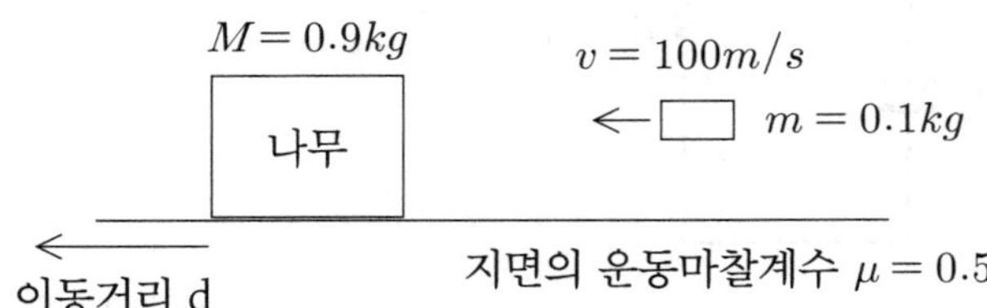

출제영역 질점역학 - 충돌, 열 - 열현상 | 정답 | 30K, 10m

필수개념 운동량 보존 법칙, 열량 공식, 총 에너지 보존 법칙

Key Note

단순히 완전 비탄성 충돌 문제이다. 그러므로 운동량 보존 법칙($m_1\vec{v}_1 + m_2\vec{v}_2 = m_1\vec{v}_1{}' + m_2\vec{v}_2{}'$)을 적용해서 풀면 된다. 다만 세부적으로는 충돌시 잃어 버린 에너지가 열로 손실($Q = mc\varDelta T$)된다는 것을 계산해야 하고, 충돌 직후 계의 운동에너지가 운동 마찰력에 의해 열($f_k \times d$)로 손실된다는 것을 계산해야 한다.

해설

1) $Q = \dfrac{(mv)^2}{2m} - \dfrac{(mv)^2}{2(m+M)} = \dfrac{M(mv)^2}{2m(m+M)} = \dfrac{Mmv^2}{2(m+M)} = mc\varDelta T$

$\Rightarrow \varDelta T = \dfrac{Mv^2}{2(m+M)c} = \dfrac{0.9 \times 10000}{2 \times 1 \times 150} = 30K$

2) 총에너지 보존 법칙을 적용하면 $\dfrac{(mv)^2}{2(m+M)} = \mu(m+M)gd$ 이므로

$d = \dfrac{(mv)^2}{2\mu(m+M)^2 g} = \dfrac{100}{2 \times 0.5 \times 1^2 \times 10} = 10m$

* 추가질문 : 충돌시 손실된 에너지는? 450J

22

길이가 L 인 1차원 우물 형태의 퍼텐셜(potential)에 질량이 m 인 입자 하나가 구속되어 있다. 우물은 가장자리에서 무한히 높은 퍼텐셜을 갖는다고 가정한다. 입자가 흡수할 수 있는 빛의 파장이 $3.0 \times 10^2 nm$ 이상이려면 우물의 길이가 어떤 특정한 값보다 커야 한다. 이 조건을 만족하는 우물 길이의 최솟값을 nm 단위로 계산하시오. 계산을 위해서 첫 페이지의 물리상수표의 값들을 참고하라.

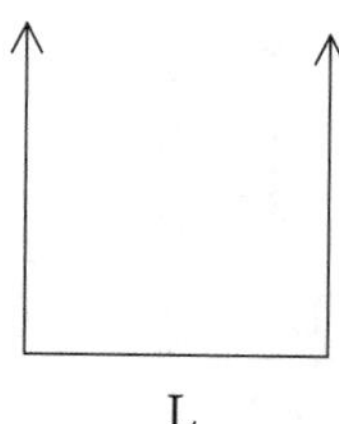

출제영역 현대물리 - 양자역학

필수개념 무한 퍼텐셜 우물에서 고유 에너지, 광양자 가설

| 정답 | 0.51nm

Key Note

무한 퍼텐셜 우물에서 고유 에너지가 $\frac{n^2h^2}{8mL^2}$ 임을 유도할 줄 알거나, 외우고 있어야 한다. 그리고 보어의 세 번째 가설인 천이 가설, 즉 입자가 높은 에너지 상태에서 낮은 에너지 상태로 천이하면, 그 에너지 차만큼 빛을 발생($E_{고} - E_{저} = \frac{hc}{\lambda}$)한다는 것을 알고 있어야 한다.

해설

$\Delta \frac{n^2h^2}{8mL^2} \leq \frac{hc}{\lambda}$ 에서 $L \geq \sqrt{\frac{3h\lambda}{8mc}} = \sqrt{\frac{3(6.3 \times 10^{-34})(3 \times 10^{-3})}{8(9.1 \times 10^{-31})(3 \times 10^{8})}} = \sqrt{0.26 \times 10^{-18}} = 0.51 \times 10^{-9} m$

2022년 연세대학교 총평

3년연속 기호로 답을 구한 후, 식에 수치를 대입하는 유형으로 출제되었다.
기본적인 예제 수준의 문제가 거의 없어 기본 점수를 받기 힘든 시험이였으며 생소한 주제가 많아 난이도가 높았던 해였다.
다만 질적 역할 문제들이 평이한 수준으로 출제되었다.
밀도가 불규일한 관성모멘트, 쓰러지는 막대의 에너지 보존, 키르히호프 법칙, 원형 구멍에 의한 회전,
다이오드, 음파의 간섭, 세차 등 고난이도 신형 문제가 출제되었다.

연세대학교 편입 기출 문제 및 해설

01

가만히 있던 블록(M=1kg)이 수평 방향으로 F=10N의 힘을 받아 마찰 없는 구역을 t1 시간 동안 5m 이동하였다. 이후 물체가 운동마찰계수 μk=0.5인 구역으로 들어가서 정지할 때까지 t2시간이 걸렸다. 물체가 운동한 총시간 t=t1+t2을 계산하시오. 단, 마찰구역에 들어간 후에는 외부에서 힘이 주어지지 않으며 공기 저항 및 블록의 크기는 무시할 수 있다. 중력가속도 크기를 g=10m/s2으로 두고 계산하시오.

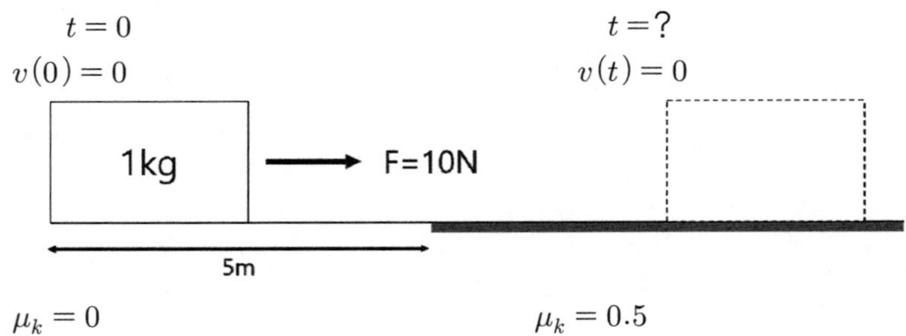

① 2sec ② 3sec ③ 4sec
④ 5sec ⑤ 6sec

출제영역 질점역학 – 뉴턴 법칙 | 정답 | ② 3sec

필수개념 운동 마찰력, 운동 방정식, 등가속도 공식

Key Note

속력-시간 그래프를 그려서 풀면 쉽게 답을 구할 수 있다.

해설

〈1〉 운동 방정식 + 등가속도 공식

1) event1 : 가속 구간

i) 운동방정식에서 $a_1=\dfrac{F}{m}=\dfrac{10N}{1kg}=10m/s^2$

ii) 등가속도 공식 2번에서 $t_1=\sqrt{\dfrac{2s}{a}}=\sqrt{\dfrac{2\times5}{10}}=1s$

iii) 등가속도 공식 1번에서 $v=at=10\times1=10m/s$ or $a_1=\dfrac{10m/s}{1s}$ 이므로 $v=10m/s$ 가 되는데 $t_1=1s$ 가 걸린다.

2) event2 : 감속 구간

i) 운동방정식에서 $a_2=\dfrac{-\mu mg}{m}=\dfrac{-0.5\times10N}{1kg}=-5m/s^2$

ii) 등가속도 공식 1번에서 $t_1=\dfrac{v_0}{-a}=\dfrac{10m/s}{-(-5m/s^2)}=2s$ or $a_2=\dfrac{-5m/s}{1s}$ 이므로 $v=10m/s$ 에서 정지하는 데 걸리는 시간은 $t_2=2s$ 가 걸린다.

3) $t=t_1+t_2=1+2=3s$

〈2〉 v-t 그래프

$v=\sqrt{2\times10\times5}=10m/s$

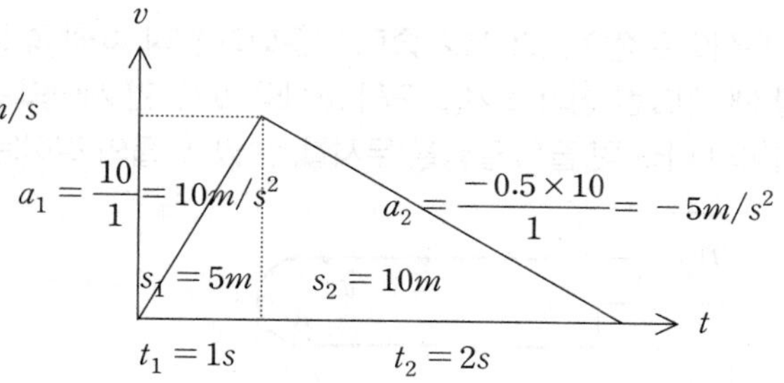

$a_1=\frac{10}{1}=10m/s^2$ $a_2=\frac{-0.5\times10}{1}=-5m/s^2$

$s_1=5m$ $s_2=10m$

$t_1=1s$ $t_2=2s$

1) event1 : 가속 구간

i) 운동방정식에서 $a_1=\frac{F}{m}=\frac{10N}{1kg}=10m/s^2$

ii) 등가속도 공식 3번에서 $v=\sqrt{2\times10\times5}=10m/s$

iii) $a_1=\frac{10m/s}{1s}$ 이므로 $v=10m/s$ 가 되는데 $t_1=1s$ 가 걸린다.

2) event2 : 감속 구간

i) 운동방정식에서 $a_2=\frac{-\mu mg}{m}=\frac{-0.5\times10N}{1kg}=-5m/s^2$

ii) $a_2=\frac{-5m/s}{1s}$ 이므로 $v=10m/s$ 에서 정지하는 데 걸리는 시간은 $t_2=2s$ 가 걸린다.

3) $t=t_1+t_2=1+2=3s$

→ 시사점 : 그냥 운방+등공으로 푸는 게 낫다. 단 등공1번 대신에 가속도의 정의를 이용하는 것이 낫고, 등공2번 대신에 평균 거속시를 이용하는 것이 낫다.

〈3〉 일과 운동에너지 정리($W_{net}=\Delta K$)

1) event1 : 가속 구간

i) 일과 운동에너지 정리 $(10N)(5m)\cos0=\frac{1}{2}\times1\times v^2$ 에서 $v=10m/s$

ii) 운동방정식에서 $a_1=\frac{F}{m}=\frac{10N}{1kg}=10m/s^2$

iii) $a_1=\frac{10m/s}{1s}$ 이므로 $v=10m/s$ 가 되는데 $t_1=1s$ 가 걸린다.

2) event2 : 감속 구간

i) 일과 운동에너지 정리 $(0.5\times10N)(s)\cos180°=0-\frac{1}{2}\times1\times10^2$ 에서 $s_2=10m$

ii) 운동방정식에서 $a_1=\frac{F}{m}=\frac{10N}{1kg}=10m/s^2$

iii) 등공2번 $10=10t+\frac{1}{2}(-5)t^2$ 에서 $t_2=2s$

또는 이 구간에서는 오히려 오른쪽에서 왼쪽으로 빨라진다고 가정하면 $10=0+\frac{1}{2}(5)t^2$ 에서 $t_2=2s$

→ 시사점 : 시간이 언급된 문제에서는 일과 운동에너지 정리/일과 에너지 정리를 쓰지 않는 것이 좋다. 이 문제 하나만으로도 매우 많은 것을 배울 수 있다.

02

질량이 mA와 mB인 두 상자가 그림과 같이 수직으로 쌓여있고 서로 줄로 연결되어 있다. 아래쪽 블록을 힘 F로 당겨 두 블록 모두 등속력 운동을 하도록 만들고자 할 때, 필요한 힘의 크기를 구해 보시오. 모든 면 사이의 운동마찰계수는 μk로 같고, 중력가속도는 g이다. 바퀴와 도르래 사이의 마찰 및 줄의 질량을 무시할 수 있고, 줄의 길이는 변하지 않는다.

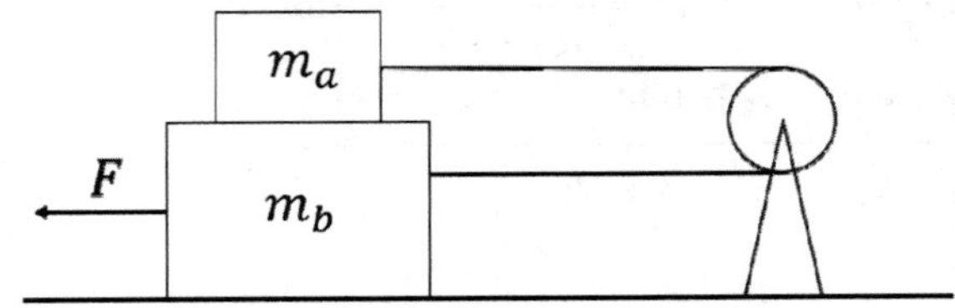

① (3mA+mB)μkg　② (2mA+mB)μkg　③ (mA+mB)μkg
④ (mA+2mB)μkg　⑤ (mA+3mB)μkg

출제영역 질점역학 - 뉴턴 법칙

필수개념 운동 마찰력, 운동 방정식

I 정답 I ① $(3m_A + m_B)\mu_k g$

Key Note

어떤 면의 운동 마찰력은 그 면이 작용하는 수직항력에 비례함을 알아야 정확하게 답을 구할 수 있다. 즉, a, b 가 맞닿아 있는 면에서 운동 마찰력은 $f_{k,ab} = \mu_k m_a g$ 이고, b와 땅이 맞닿아 있는 면에서 운동 마찰력은 $f_{k,b땅} = \mu_k(3m_a + m_b)g$ 이다.

해설

$\mu_k m_a g + \mu_k m_a g + \mu_k(m_a + m_b)g = \mu_k(3m_a + m_b)g$

03

고정된 빗면 위에 질량 10kg의 블록(A)이 질량 20kg의 블록(B)과 줄로 연결되어 있다. 이 때 줄이 가하는 장력의 크기를 계산하시오. 단, 모든 마찰, 공기저항, 및 줄의 질량은 무시하고, 줄의 길이 변화는 없다고 가정한다. 중력가속도 크기를 g=10m/s^{2}으로 두고 구해보시오.

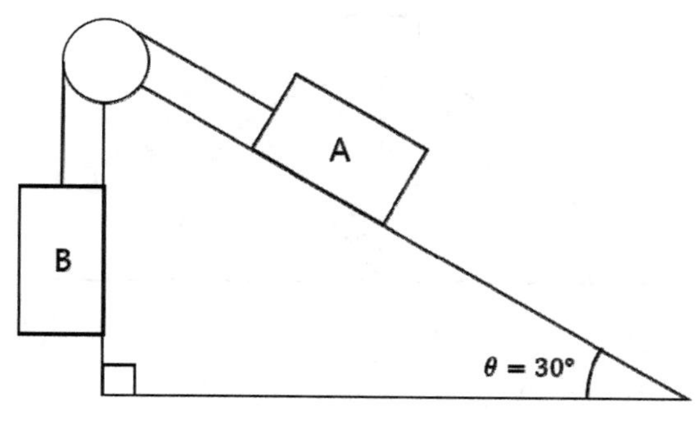

① 50N ② 75N ③ 100N
④ 125N ⑤ 150N

출제영역 질점역학 – 뉴턴 법칙 | 정답 | ③ 100N

필수개념 자유 물체도 그리기, 빗면에서 중력을 벡터 분해하기, 운동 방정식

Key Note

빗면에 놓인 물체가 받는 중력의 빗면 성분은 $mg\sin\theta$ 이다.

해설

i) B의 무게 : $m_B g = 20 \times 10 = 200N$

A의 무게의 빗면 성분 : $m_A g\sin\theta = 10 \times 10 \times \frac{1}{2} = 50N$

그러므로 계는 B쪽으로 가속한다.

ii) 계의 운동방정식 : $a = \frac{-50+200}{10+20} = 5m/s^2$

iii) A의 운동방정식 : $T - 50 = 10 \times 5$ $\therefore$ $T = 100N$

04

반경이 R인 고정된 반구의 꼭대기에서 정지상태에서 미끄러지며 내려오는 물체(질량m)가 반구 표면을 벗어날 때 수직축으로부터의 각도를 θ라고 하자. 이때 $\tan\theta$ 값을 구해 보시오. 단 모든 마찰과 공기저항은 무시한다.

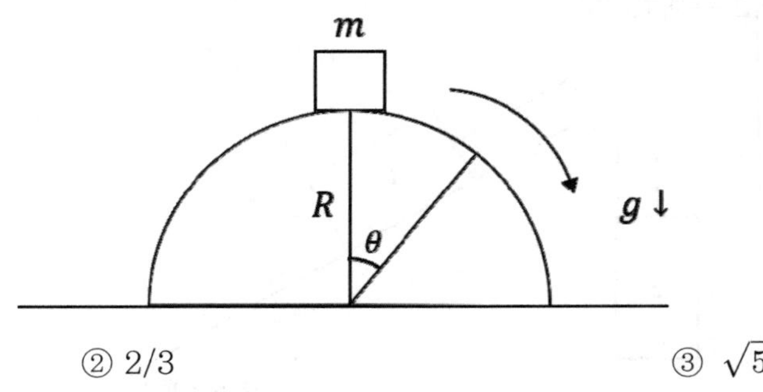

① 1　　② 2/3　　③ $\sqrt{5}/2$
④ $\sqrt{5}/3$　　⑤ $\sqrt{3}/2$

출제영역 질점역학 - 원운동　　| 정답 | ③ $\sqrt{5}/2$

필수개념 부등속력 원운동, 이탈 조건, 원운동 방정식, 역학적 에너지 보존 법칙

Key Note

곡면 위의 물체에 대해 원운동 방정식을 세울 때는 수직항력이 원심 방향임을 주의해야 한다. 그리고 원운동 방정식($mg\cos\theta - N = m\frac{v^2}{R}$)을 세운 후, 곡면에서 이탈시 수직항력이 0이 됨을 적용하면 된다. 단, 역학적 에너지 보존 법칙($mgR(1-\cos\theta) = \frac{1}{2}mv^2$)을 함께 연립해야 최종 답을 구할 수 있다.

해설

i) 운동방정식 : $mg\cos\theta - \underbrace{N}_{=0} = m\frac{v^2}{R}$ $\cdots$①

ii) 역학적 에너지 보존 : $mgR(1-\cos\theta) = \frac{1}{2}mv^2$ $\cdots$②

iii) ①→② : $mgR(1-\cos\theta) = \frac{1}{2}mgR\cos\theta$ 에서 $\cos\theta = \frac{2}{3}$ 이고, $\tan\theta = \frac{\sqrt{5}}{2}$ 이다.

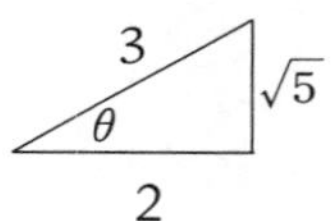

05

질량이 M인 항성의 중앙을 통과하는 아주 작은 터널을 만들었다. 행성 표면에서 물체를 떨어뜨리면 터널의 양 끝을 왕복하는 운동을 한다. 이 왕복 운동의 주기 T를 계산하시오. 단, 모든 저항은 무시할 수 있고, 행성의 질량은 균일하게 분포하며, 터널로 인한 행성의 질량 감소는 무시할 정도로 작다. 중력상수는 G, 행성의 반경은 R로 한다.

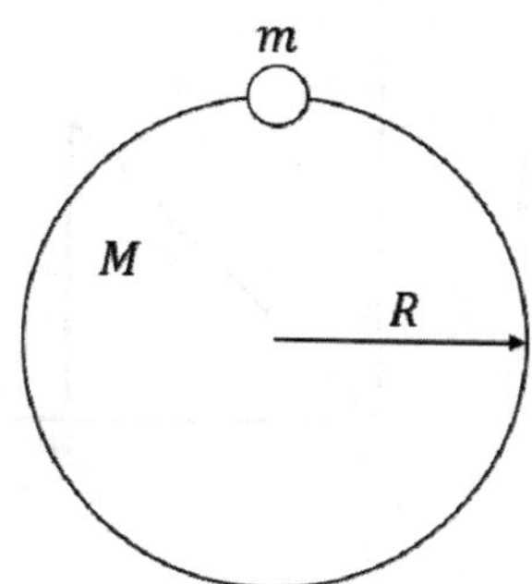

① $2\pi\sqrt{\dfrac{R^3}{MG}}$ ② $2\pi\sqrt{\dfrac{R^3}{2MG}}$ ③ $2\pi\sqrt{\dfrac{3R^3}{2MG}}$

④ $2\pi\sqrt{\dfrac{R^3}{3MG}}$ ⑤ $2\pi\sqrt{\dfrac{3R^3}{2MG}}$

출제영역 질점역학 - 만유인력

| 정답 | ① $2\pi\sqrt{\dfrac{R^3}{MG}}$

필수개념 중력 진자, 구 내부 중력, 단진동 운동방정식

Key Note

중력 진자 문제는 내부 중력이 $\vec{F} = -\dfrac{GMm}{R^3}\vec{r}$ 임을 알아야 하고, 이를 이용해서 단진동 방정식을 세워서 주기를 구하면 된다. 그렇게 어려운 문제는 아니다. 유명한 주제이다.

해설

내부 중력이 $\vec{F} = -\dfrac{GMm}{R^3}\vec{r}$ 이므로 운동방정식 $-\dfrac{GMm}{R^3}r = m\ddot{r}$ 에서 주기는 $2\pi\sqrt{\dfrac{R^3}{GM}}$

06

총 질량이 M이고 반경이 R인 속이 꽉 찬 구가 있다. 이 구의 질량 밀도는 중심으로부터의 거리에 비례하며 증가한다. 이 구의 중심을 지나는 회전축에 대한 관성 모멘트(Moment of Inertia)를 계산하시오.

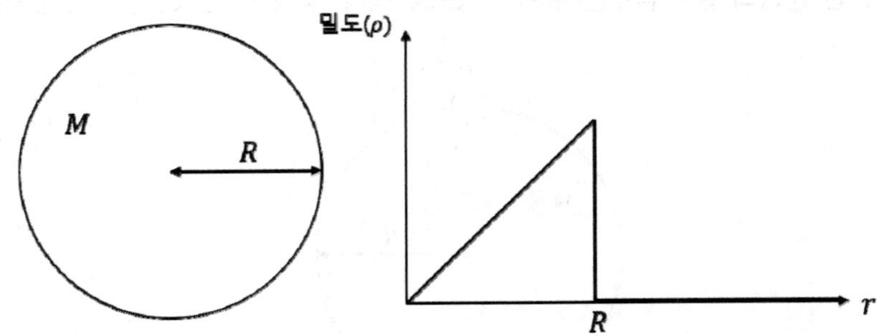

① $\frac{2}{3}MR^2$ ② $\frac{2}{5}MR^2$ ③ $\frac{2}{7}MR^2$

④ $\frac{4}{7}MR^2$ ⑤ $\frac{4}{9}MR^2$

출제영역 강체역학 - 관성 모멘트 | 정답 | ⑤ $\frac{4}{9}MR^2$

필수개념 질량이 균일하는 강체의 관성 모멘트

Key Note

일반물리학에서는 일반적으로 밀도가 균일한 경우만 다루는데, 여기서는 질량이 불균일한 경우가 출제되었다. 우선 미소 구껍질의 미소 질량 $(dm=\rho d\tau=(cr)4\pi r^2 dr)$을 구하고, 이를 이용하여 미소 관성 모멘트($dI=\frac{2}{3}(dm)r^2$)를 구한 후, 적분하면 답을 구할 수 있다. 약간 허를 찔린 문제다.

해설

i) $\rho = cr$

ii) $dm=\rho d\tau=(cr)r^2 dr\sin\theta d\theta d\phi$ or $dm=\rho d\tau=(cr)4\pi r^2 dr$

iii) $M=\int \rho d\tau=\int (cr)r^2 dr\sin\theta d\theta d\phi=\int (cr)4\pi r^2 dr=\pi c R^4$

iii) $dI=\frac{2}{3}(dm)r^2=\frac{2}{3}(4\pi c r^3 dr)r^2=\frac{8}{3}\pi c r^5 dr$

iv) $I=\int \frac{8}{3}\pi c r^5 dr=\frac{8}{3}\pi c\frac{R^6}{6}=\frac{8}{3}\pi(\frac{M}{\pi R^4})\frac{R^6}{6}=\frac{4}{9}MR^2$

07

질량이 M이고 반경이 R인 속이 반구 A와 속이 꽉 찬 구 B가 정지상태에서 빗면을 미끄러짐 없이 굴러 내려온다. 아래에 도착했을 때, 두 강체의 질량 중심의 수평 속력의 비(v_A/v_B)를 계산하시오. 단, 공기저항은 무시하고 질량분포는 고르다고 가정한다.

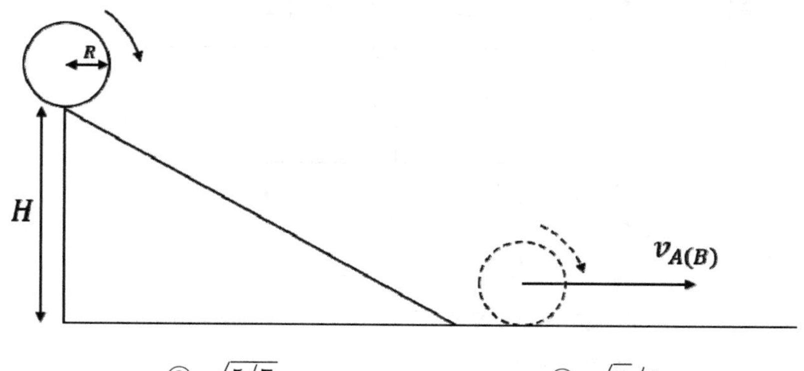

① $\sqrt{7}/5$　② $\sqrt{5/7}$　③ $\sqrt{5}/3$
④ $\sqrt{21}/5$　⑤ $\sqrt{12/7}$

출제영역 강체역학 - 구름 운동　| 정답 | ④ $\sqrt{21}/5$

필수개념 구껍질과 구의 관성 모멘트, 강체의 중력 위치 에너지와 운동 에너지, 역학적 에너지 보존 법칙, 구름 조건

Key Note

전형적인 구름 운동 문제이다. 우선 구 껍질의 관성 모멘트($I=\frac{2}{3}MR^2$)와 구의 관성 모멘트($I=\frac{2}{5}MR^2$)를 외우고 있어야 한다. 그 후 역학적 에너지 보존 법칙($MgH=\frac{1}{2}I_{cm}w^2+\frac{1}{2}Mv_{cm}^2$)을 적용한 후, 구름 조건($v_{cm}=Rw$)을 대입해서 정리하면 답을 구할 수 있다.

해설

i) $I_A=\frac{2}{3}MR^2$, $I_B=\frac{2}{5}MR^2$

ii) 역학적 에너지 보존 : $MgH=\frac{1}{2}I_{cm}w^2+\frac{1}{2}Mv_{cm}^2$

$$=\frac{1}{2}\beta MR^2\left(\frac{v_{cm}}{R}\right)^2+\frac{1}{2}Mv_{cm}^2=\frac{1}{2}(\beta+1)Mv_{cm}^2$$

$$\Rightarrow v_{cm}=\sqrt{\frac{2gH}{\beta+1}}$$

iii) $$\frac{v_A}{v_B}=\sqrt{\frac{\frac{2}{5}+1}{\frac{2}{3}+1}}=\sqrt{\frac{\frac{7}{5}}{\frac{5}{3}}}=\sqrt{\frac{21}{25}}=\frac{\sqrt{21}}{5}$$

08

속력 $v = 500m/s$의 탄환(m=1kg)이 수평으로 날아가 줄에 매달린 나무도막에 박힌 후 함께 움직인다고 가정하자. 나무도막이 초기 위치 기준으로 최고 높이에 도달했을 때 줄에 미치는 장력을 계산하시오. 줄의 길이는 L=10m이고 나무도막의 질량은 M= 49kg이다. 단, 공기저항, 줄의 질량, 나무도막의 크기는 무시하고 줄의 길이는 변하지 않는다고 가정하시오. 중력가속도의 크기를 g=10m/s^{2}으로 두고 계산하시오.

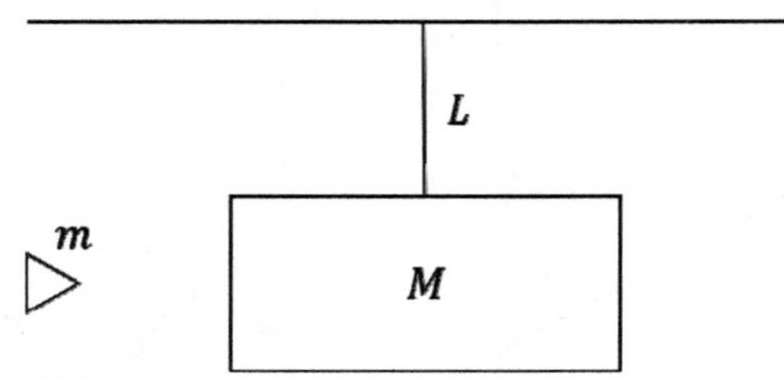

① $250/\sqrt{3}\,N$　② $250/\sqrt{2}\,N$　③ $250N$
④ $250\sqrt{2}\,N$　⑤ $250\sqrt{3}\,N$

출제영역 질점역학 - 충돌　　| 정답 | ③ $250N$

필수개념 탄도 진자, 운동량 보존 법칙, 역학적 에너지 보존 법칙, 원운동 방정식

Key Note

유명한 탄도 진자 문제이다. 완전 비탄성 충돌 문제이므로 운동량 보존 법칙($m_1\vec{v}_1 + m_2\vec{v}_2 = m_1\vec{v}_1' + m_2\vec{v}_2'$)을 적용한 후, 충돌 이후에는 역학적 에너지 보존 법칙을 적용한다. 최고점에 도달했을 때는 원운동 방정식을 적용해서 장력을 구한다.

해설

i) 운보+역에보 : $\dfrac{(mv)^2}{2(M+m)} = (M+m)gH \Rightarrow H = \dfrac{1}{2g}\left(\dfrac{mv}{M+m}\right)^2 = 5m$

ii)

$L = 10m$, θ, $h = 5m$

그림상 $\theta = 60°$ 임을 알 수 있다.

iii) 원운동방정식 : $T - (M+m)g\cos\theta = (M+m)\dfrac{v^2}{L} = 0$

$$\Rightarrow T = (M+m)g\cos\theta = 50 \times 10 \times \frac{1}{2} = 250N$$

09

길이가 L이고 질량이 M인 막대가 지표면에 수직으로 멈춰 있다가 지면으로 넘어질 때 지면과 닿아 있는 부분이 고정되어 있는 경우(그림 A)와 마찰 없이 미끄러지는 경우(그림 B)를 고려하자. 두 경우 지면에 닿는 순간에 막대 오른쪽 끝부분의 속력을 각각 v_A 및 v_B라고 할 때, 속력의 비 v_A/v_B를 구하시오. 단, 막대의 질량은 고르게 분포하고 공기저항은 무시할 수 있다.

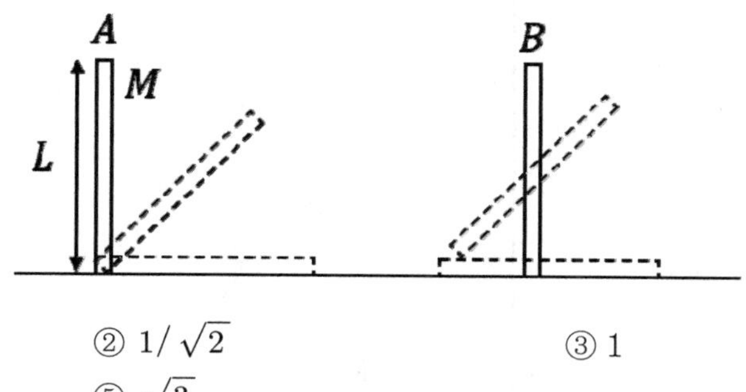

① $1/\sqrt{3}$　　② $1/\sqrt{2}$　　③ 1
④ $\sqrt{2}$　　⑤ $\sqrt{3}$

출제영역 강체역학 – 역학적 에너지 보존 법칙　　| 정답 | ③ 1

필수개념 강체의 중력 퍼텐셜 에너지, 강체의 운동 에너지, 총 에너지 보존 법칙, 질량중심의 속도와 각속도의 관계

Key Note

막체에 대해 역학적 에너지 보존 법칙을 적용하는 문제이다. 강체인 경우 위치에너지를 질량 중심을 기준으로 계산한다는 것만 기억하면 된다. 그래서 여기서 위치에너지 변화량은 $Mg\frac{L}{2}$ 이다. 그리고 강체의 운동에너지는 $\int \frac{1}{2}dm\,w^2 = \dots = \frac{1}{2}I_O w^2$ 이다.

해설

i) A 역에보 : $Mg\frac{L}{2}=\frac{1}{2}I_O w^2=\frac{1}{2}(\frac{1}{3}ML^2)w^2$

$\Rightarrow w=\sqrt{\frac{3g}{L}}$

$\Rightarrow v_A=rw=L\sqrt{\frac{3g}{L}}=\sqrt{3gL}$ …①

ii) B 역에보 : $Mg\frac{L}{2}=\frac{1}{2}I_{cm}w^2+\frac{1}{2}Mv_{cm}^2=\frac{1}{2}(\frac{1}{12}ML^2)w^2+\frac{1}{2}M(\frac{L}{2}w)^2=\frac{1}{2}(\frac{1}{3}ML^2)w^2$

$\Rightarrow w=\sqrt{\frac{3g}{L}}$

$\Rightarrow v_B=rw=L\sqrt{\frac{3g}{L}}=\sqrt{3gL}$ …②

iii) ①÷② : $\frac{v_A}{v_B}=1$

10

오른쪽 그림은 길이가 L, 질량이 M인 막대의 한 쪽 끝이 고정되어 있고 다른 한쪽 끝은 용수철 상수가 k인 용수철에 연결되어 있는 진자를 보여준다. 이 진자의 주기 T를 구하시오. 막대의 질량은 고르게 분포되어 있고 폭과 두께는 무시할 수 있다. 또한, 중력, 공기저항 및 마찰력은 무시하고 진자는 매우 작은 진폭으로 운동을 한다.

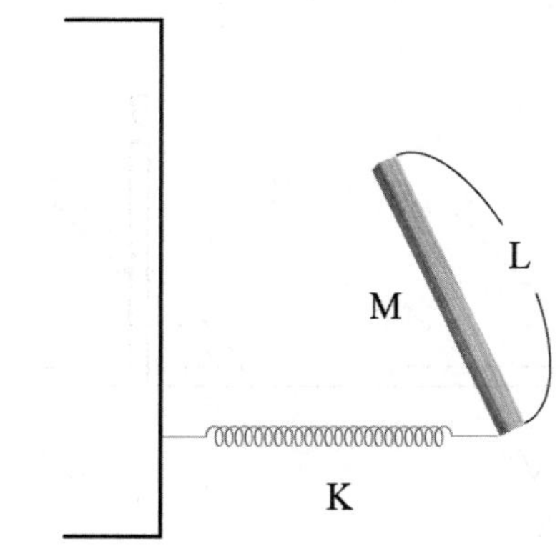

① $2\pi\sqrt{\frac{M}{3k}}$ ② $2\pi\sqrt{\frac{2M}{3k}}$ ③ $2\pi\sqrt{\frac{3M}{3k}}$

④ $2\pi\sqrt{\frac{4M}{3k}}$ ⑤ $2\pi\sqrt{\frac{5M}{3k}}$

출제영역 강체역학 – 물리진자 ㅣ 정답 ㅣ ① $2\pi\sqrt{\frac{M}{3k}}$

필수개념 막대의 관성 모멘트, 자유 물체도 그리기, 토크 방정식

Key Note

탄성력의 접선 성분 $-kL\theta\cos\theta$ 을 찾고, 이것을 작은 각으로 근사해서 $-kL\theta$ 을 얻어야 한다.

해설

$-kL\theta\cos\theta \times L = I_O\alpha$

$\Rightarrow -kL\theta(1)L = \frac{1}{3}ML^2\ddot{\theta}$

$\Rightarrow T = 2\pi\sqrt{\frac{\frac{1}{3}ML^2}{kL^2}} = 2\pi\sqrt{\frac{M}{3k}}$

11

오른쪽 그림과 같이 경로 A→B→C→D→A를 따라 동작하는 가역적 열기관이 있다. 이 열기관은 경로 A→B에서는 900K의 열원과의 열 교환을 통해 일정한 온도로 팽창하고, 경로 C→D에서는 300K의 온도를 유지하고 있는 외부와의 열교환을 통해 등온수축한다. 경로 B→C 및 D→A에서는 단열 과정이라고 가정하자. 1회의 순환과정에서 열기관이 수행하는 일의 양이 600J이라고 할 때 경로 C→D에서 열기관이 방출하는 열을 구해 보시오.

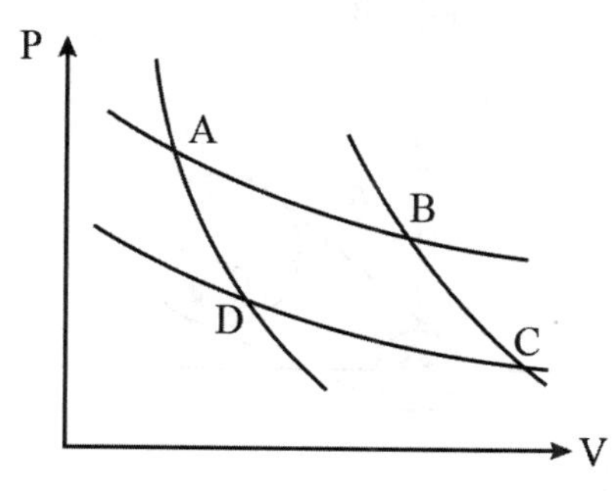

① 100J ② 200J ③ 300J
④ 400J ⑤ 500J

출제영역 열 – 열역학 | 정답 | ③ 300J

필수개념 카르노 기관, 순환 과정에서 열역학 1법칙

Key Note

카르노 기관의 열효율 공식 $e = 1 - \frac{T_{저}}{T_{고}}$ 을 적용해서 풀면 된다.

해설

i) 우선 카르노 기관에서 $Q \propto T$ 이다.

ii) 카르노 기관의 모식도를 그려보면 다음과 같다.

$T_H = 900K$

Q_H

$W_{net} = 600J$

$|Q_C| = \frac{Q_H}{3}$

$T_C = 300K$

iii) 에너지 보존 $Q_H - \frac{Q_H}{3} = W_{net} = 600J$ 에서 $Q_H = 900J$ 이다.

iv) $|Q_C| = \frac{Q_H}{3} = 300J$

12

오른쪽 그림과 같이 물 분자의 전기 쌍극자모멘트 p의 방향이 원점에서 수직 방향으로 놓여있다. 물 분자로부터 수직 방향으로 1cm 떨어진 위치 A와 2cm 떨어진 위치 B에서의 전기장의 크기 비 $E_A : E_B$를 구하시오.

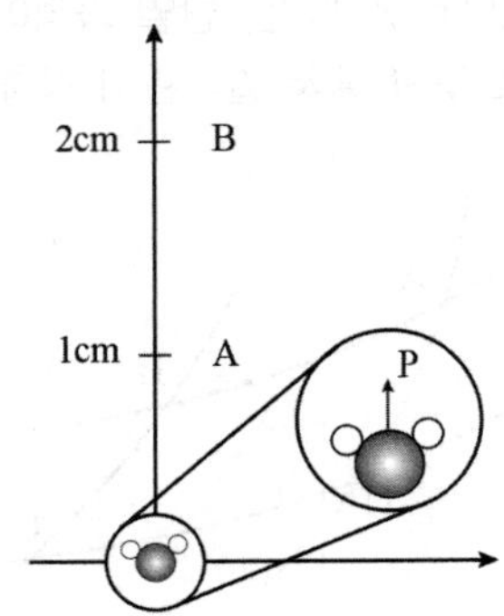

① 2:1
② 4:1
③ 6:1
④ 8:1
⑤ 10:1

출제영역 전자기학 – 정전기학 | 정답 | ④ 8:1

필수개념 쌍극자 모멘트, 점전하 주위의 전기장, 이항 전개

Key Note

전기 쌍극자는 정전기학의 뒷부분 내용으로 많은 학생들이 포기하거나 버리는 파트이다. 우선 점전하에 의한 전기장 공식 $E = \frac{1}{4\pi\epsilon_0}\frac{q}{r^2}$ 을 이용하고, 이항전개를 해서 알짜 전기장을 구한다. 그리고 $p = qd$ 를 이용해서 최종 식을 찾는다.

해설

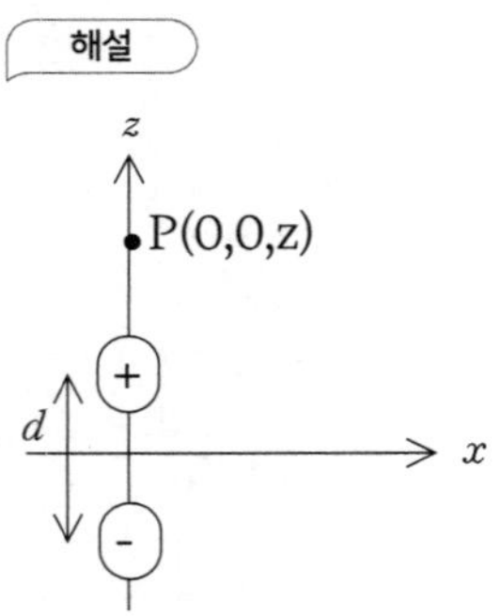

$$\begin{aligned} E &= \frac{1}{4\pi\epsilon_0}\frac{q}{(z-d/2)^2} - \frac{1}{4\pi\epsilon_0}\frac{q}{(z+d/2)^2} \\ &= \frac{q}{4\pi\epsilon_0}\left\{(z-\frac{d}{2})^{-2} - (z+\frac{d}{2})^{-2}\right\} \\ &= \frac{q}{4\pi\epsilon_0 z^2}\left\{(1-\frac{d}{2z})^{-2} - (1+\frac{d}{2z})^{-2}\right\} \\ &= \frac{q}{4\pi\epsilon_0 z^2}\left\{(1+\frac{d}{z}+\dots) - (1-\frac{d}{z}+\dots)\right\} \\ &= \frac{q}{4\pi\epsilon_0 z^2}\frac{2d}{z} = \frac{2p}{4\pi\epsilon_0 z^3} \end{aligned}$$

그러므로 $E_A : E_B = \frac{1}{1^3} : \frac{1}{2^3} = 8:1$

13

면적이 A인 두 금속판을 d의 거리만큼 두고 평행하게 놓아 만든 평행판 축전기가 있다. 두 금속판 사이의 공간이 진공일 때 전기용량은 $1.0\times10^{-6}F$이다. 두 금속판 사이의 공간에 유전 상수가 6.0이고 두께가 2d/3인 유전체를 삽입하였다. 이 경우 축전기의 전기용량의 값으로 가까운 것을 다음 선택지 중 고르시오.

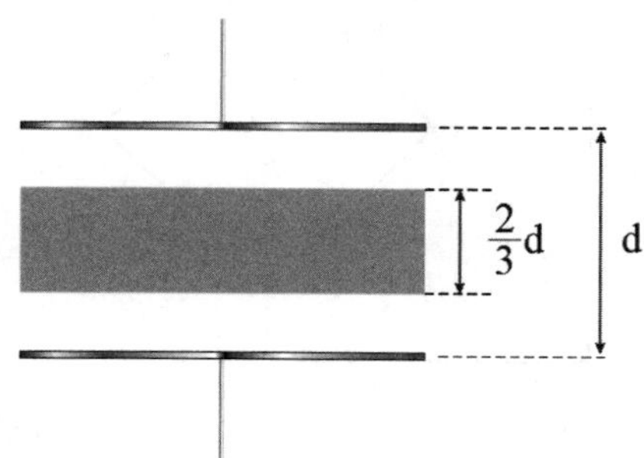

① $3\mu F$　② $9\mu F$　③ $12\mu F$

④ $\frac{9}{4}\mu F$　⑤ $\frac{4}{9}\mu F$

출제영역 전자기학 – 직류회로　　| 정답 | ④ $\frac{9}{4}\mu F$

필수개념 전기용량 조작, 축전기의 병렬 연결

Key Note

축전기 내부에 유전체를 삽입했을 때 직렬연결로 치환한다. 그리고 유전체가 들어간 부분은 전기용량이 유전체의 전기상수 배만큼 증가한다. 마지막으로 두 축전기의 직렬연결 공식($\frac{1}{C_{eq}}=\frac{1}{C_1}+\frac{1}{C_2}$)을 적용한다.

해설

$k=6$　$\frac{2}{3}d$

$\frac{1}{3}d$

i) $C_1=\frac{3}{2}kC=9C$

ii) $C_2=3C$

iii) $C_{eq}=\frac{C_1C_2}{C_1+C_2}=\frac{9}{4}C=\frac{9}{4}\mu F$

14

다음 그림과 같은 회로에서 a와 b 사이의 전위차 Vab=Va−Vb를 계산하시오.

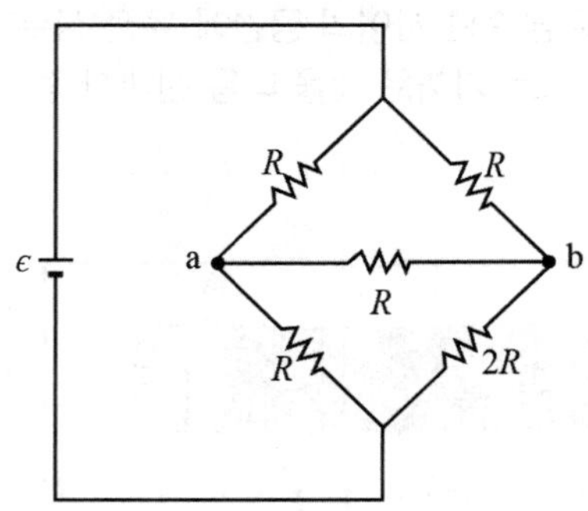

① $-2\,V$　② $-1\,V$　③ $0\,V$
④ $+1\,V$　⑤ $+2\,V$

출제영역 전자기학 – 직류회로 | 정답 | ① $-2\,V$

필수개념 키르히호프 법칙

Key Note

그 해 문제 중 가장 난이도가 높은 문제였다. 키르히 호프 법칙을 세 번 적용하여 3원 연립 방정식을 풀어야 한다.

해설

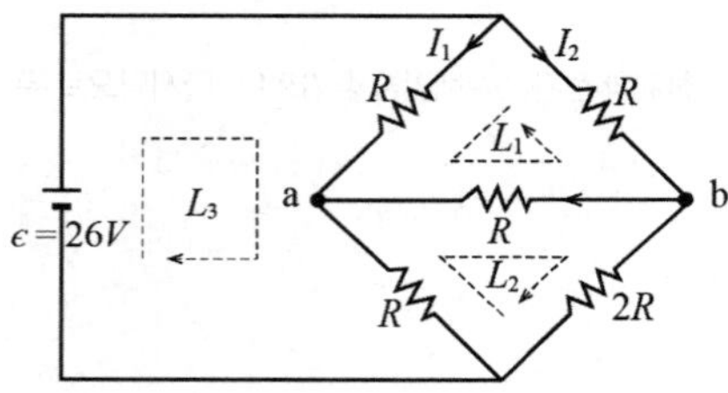

편의상 $R=1\Omega$ 이라고 가정하자.

i) $\sum V_1 = -I_1 + I_3 + I_2 = 0$

$\Rightarrow I_1 - I_2 - I_3 = 0$ …①

ii) $\sum V_2 = +(I_1+I_3) + I_3 - 2(I_2 - I_3) = 0$

$\Rightarrow I_1 - 2I_2 + 4I_3 = 0$ …②

iii) $\sum V_3 = +26 - I_1 - 2(I_1 + I_3) = 0$

$\Rightarrow 2I_1 + I_3 = 26$ …③

iv) ①, ②에서 $I_1 = 6I_3$ …④

v) ③, ④에서 $I_3 = 2A$, $I_2 = 10A$, 그리고 ④에서 $I_1 = 12A$

vi) 그러므로 브릿지에서 전위차는 $V_{ab} = V_a - V_b = (+14\,V) - (+16\,V) = -2\,V$

15

오른쪽 그림과 같이 반지름이 r인 고리 모양의 도선에 전류 I가 흐르고 있다. 원의 중심에서 수직 방향으로 r만큼 떨어진 위치 A에서의 자기장의 크기를 구하시오.

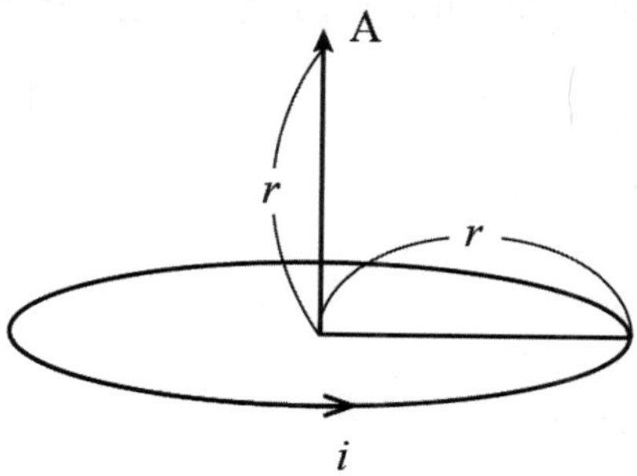

① $\dfrac{\mu_0 I}{\sqrt{2}\,r}$ ② $\dfrac{\mu_0 I}{2\sqrt{2}\,r}$ ③ $\dfrac{\mu_0 I}{3\sqrt{2}\,r}$

④ $\dfrac{\mu_0 I}{4\sqrt{2}\,r}$ ⑤ $\dfrac{\mu_0 I}{5\sqrt{2}\,r}$

출제영역 전자기학 – 정자기학 | 정답 | ④ $\dfrac{\mu_0 I}{4\sqrt{2}\,r}$

필수개념 비오-사바르 법칙, 원형 도선 중심축 상에서의 자기장

Key Note

자기력선이 불균일하므로 암페어 법칙($\oint \vec{B}\cdot d\vec{A}$)으로 풀 수 없고, 비오-사바르 법칙($d\vec{B} = \dfrac{\mu_0 I}{4\pi}\dfrac{d\vec{l}\times\hat{r}}{r^2}$)으로 자기장을 구해야 한다.

해설

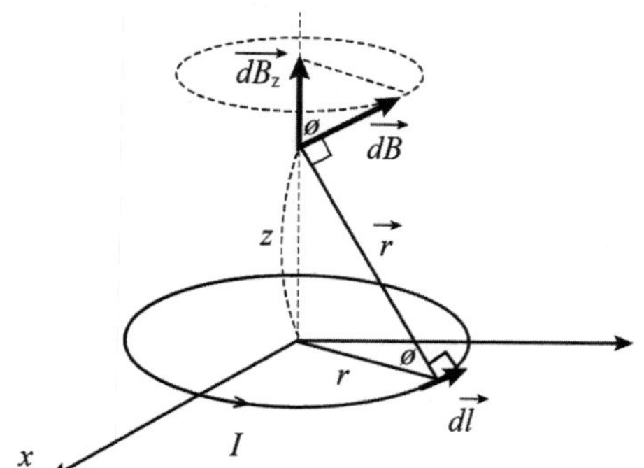

i) $d\vec{B} = \dfrac{\mu_0 I}{4\pi}\dfrac{d\vec{l}\times\hat{r}}{r^2}$ 에서 $dB_z = \dfrac{\mu_0 I}{4\pi}\dfrac{dl\sin 90}{r^2}\cos\phi = \dfrac{\mu_0 I}{4\pi}\dfrac{dl}{r^2+z^2}\dfrac{r}{\sqrt{r^2+z^2}} = \dfrac{\mu_0 I}{4\pi}\dfrac{r\,dl}{(r^2+z^2)^{3/2}}$

ii) 총자기장 : $B = \dfrac{\mu_0 I}{4\pi}\dfrac{r}{(R^2+z^2)^{3/2}}\displaystyle\int dl = \dfrac{\mu_0 I}{4\pi}\dfrac{r}{(r^2+z^2)^{3/2}}\times 2\pi r = \dfrac{\mu_0 I}{2}\dfrac{r^2}{(r^2+z^2)^{3/2}}$

$\therefore\ z = r$ 이므로 $B = \dfrac{\mu_0 I}{4\sqrt{2}\,r}$

16

이온 a는 $+q$의 전하와 ma의 질량을 가지고 있고, 이온 b는 $+q$의 전하와 mb의 질량을 가지고 있다. 정지해 있던 이온 a와 b가 차례대로 퍼텐셜 V에 의해 x축 방향으로 가속된 후, 균일한 자기장($B=B\hat{z}$)이 가해진 영역으로 들어간다. a와 b가 자기장 속에서 그리는 반원의 반지름 비 $r_a : r_b$로 옳은 것은? 단, 중력의 효과는 무시한다.

① $\sqrt{m_a} : \sqrt{m_b}$ ② $\sqrt{m_b} : \sqrt{m_a}$ ③ $1:1$
④ $m_a : m_b$ ⑤ $m_b : m_a$

출제영역 전자기학 – 정자기학 | 정답 | ① $\sqrt{m_a} : \sqrt{m_b}$

필수개념 에너지 보존 법칙, 균일한 자기장 속에서 원운동하는 대전입자의 반지름

Key Note

우선 전기장 속에서 가속된 입자에 대해 에너지 보존 법칙($qV=\frac{p^2}{2m}$)을 적용하고, 균일한 자기장 속에서 원운동 반지름 공식($r=\frac{p}{qB}$)을 적용한다.

해설

i) event1 : 전기장 영역

역에보 $qV=\frac{p^2}{2m}$에서 $p=\sqrt{2mqV}$

ii) event2 : 자기장 영역

$$r=\frac{p}{qB}=\frac{\sqrt{2mqV}}{qB}=\frac{1}{B}\sqrt{\frac{2mV}{q}}$$

iii) $r_a : r_b = \sqrt{m_a} : \sqrt{m_b}$

17

다음 그림과 같이 저항–코일–축전기 회로에 교류 전원을 연결하였다. 저항은 $10^2\Omega$, 축전기의 전기용량은 $10^{-4}F$, 코일의 자체유도 계수는 $10^{-2}H$이다. 공명 현상을 일으키는 교류전원의 진동수로 가까운 것은 다음 중 어느 것인가?

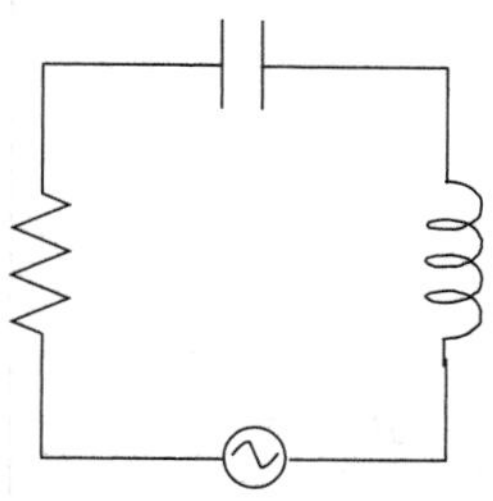

① 159Hz ② 59Hz ③ 259Hz
④ 359Hz ⑤ 459Hz

출제영역 전자기학 - 교류 회로 | 정답 | ① 159Hz

필수개념 공명 진동수

Key Note

공명 진동수 공식($f = \dfrac{1}{2\pi\sqrt{LC}}$)에 숫자만 대입하면 된다.

해설

$$f = \frac{1}{2\pi\sqrt{LC}} = \frac{1}{2\pi\sqrt{10^{-4}\times 10^{-2}}} = \frac{1000}{2\pi} = \frac{500}{\pi}\ [Hz]$$

18

그림과 같이 지름이 D인 원 모양의 슬릿에 파장이 λ인 빛이 수직으로 입사하여 슬릿으로부터 매우 멀리 떨어진 스크린에 회절 무늬를 만들고 있다. D=12λ를 가정한다. 슬릿에서 스크린을 바라보았을 때 빛의 세기가 제일 큰 방향과 첫 번째 어두운 원 모양의 무늬가 나타나는 방향 사이의 각도 θ는 약 몇 도인가?

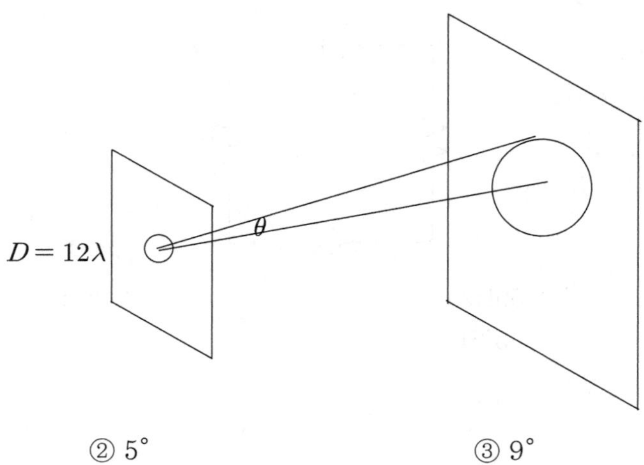

① 3° ② 5° ③ 9°
④ 15° ⑤ 20°

출제영역 파동 – 파동광학 Ι 정답 Ι ② 5。

필수개념 원형 구멍에 의한 회절무늬, 분해각

Key Note

처음 출제된 주제이다. 원형 구멍에 의한 분해각은 $\theta = 1.22\dfrac{\lambda}{D}$ 이다.

해설

$$\theta = 1.22\frac{\lambda}{D} = 1.22\frac{\lambda}{12\lambda} = 0.101666 = 0.10rad = 0.1 \times \frac{180}{\pi} = 5.82^\circ$$

19

폭이 L인 1차원 우물 형태의 퍼텐셜(potential)에 질량이 m인 입자가 속박되어 있다. 우물 안에서는 퍼텐셜이 0이고, 우물의 벽에서는 무한히 높은 퍼텐셜을 가정하자. 입자가 가질 수 있는 가장 작은 에너지 값을 구하시오.

① $\dfrac{\pi^2\hbar^2}{2mL^2}$　　② $\dfrac{2\pi^2\hbar^2}{2mL^2}$　　③ $\dfrac{3\pi^2\hbar^2}{2mL^2}$

④ $\dfrac{4\pi^2\hbar^2}{2mL^2}$　　⑤ $\dfrac{5\pi^2\hbar^2}{2mL^2}$

출제영역 현대물리 - 양자역학

| 정답 | ① $\dfrac{\pi^2\hbar^2}{2mL^2}$

필수개념 무한 퍼텐셜 우물 속에서 물질파 파장과 고유 에너지

Key Note

양자역학에서 가장 유명한 무한 퍼텐셜 우물 주제이다. 에너지 $\dfrac{n^2h^2}{8mL^2}=\dfrac{n^2\pi^2\hbar^2}{2mL^2}$ 를 유도하거나 외우고 있어야 한다.

해설

$\lambda=\dfrac{2L}{n}$ 이므로 $E=K+U=\dfrac{p^2}{2m}+0=\dfrac{n^2h^2}{8mL^2}=\dfrac{n^2\pi^2\hbar^2}{2mL^2}$

20

p형 반도체와 n형 반도체를 접합시킨 다이오드에 전압의 크기를 바꿀 수 있는 전원을 연결하였다. 온도 290K에서 +0.025V의 전압을 가했을 때의 전류의 크기 I_1와 −0.025V의 전압을 가했을 때의 전류의 크기 I_2 사이의 비율 I_1/I_2에 가장 가까운 값은 다음 중 어느 것인가? 계산을 위해 다음 값을 사용할 수 있다.(전자의 전하량 $e=1.60\times10^{-19}C$, 볼츠만 상수 $k=1.38\times10^{-23}J/K$)

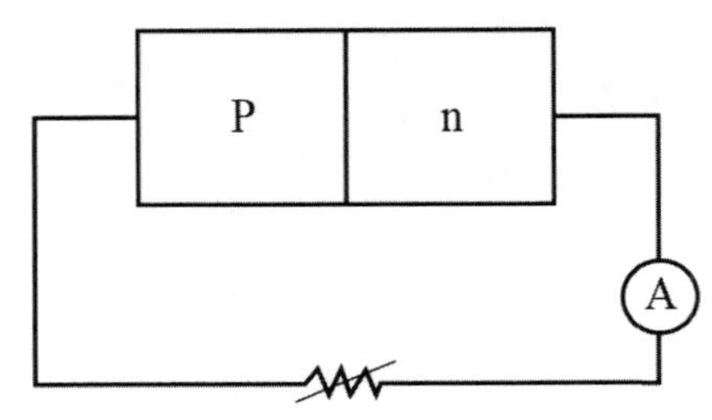

① e^{-1} ② e ③ e^2
④ $e+1$ ⑤ $e-1$

출제영역 현대물리 - 반도체 | 정답 | ① e^{-1}

필수개념 다이오드

해설

(Reference: Steven H. Simon − The Oxford Solid State Basics _ 18.2 p−n junction)

다이오드의 n형 반도체 영역에서 p형 반도체 영역으로 흐르는 전류는 law of mass action에 의해 $I_{n\to p}\propto e^{E_g/kT}$로 나타난다. 이 전류는 n형 반도체와 p형 반도체에서 각각 홀과 전자가 열적으로 들뜨면서 생기는 것이므로 전압과는 무관하게 비례관계가 나타난다. (E_g: 반도체의 에너지 갭) (law of mass action은 두 전하운반자 밀도 (carrier density)의 비례 관계를 나타내는 식이다. 전자와 홀의 밀도를 n과 p라 하면 $np\propto e^{E_g/kT}$로 나타난다. 각각의 반도체 영역에서 많은 수(majority)는 고정되어 있으므로 적은 수(minority)의 운반자가 $e^{E_g/kT}$에 비례한다.)

p형 반도체 영역에서 n형 반도체 영역으로 전류가 흐르기 위해서는 n형 반도체에 의해 형성되는 퍼텐셜 언덕을 넘어가야 한다. 다이오드 양단에 전압 V가 걸려있으면 이 퍼텐셜 언덕의 크기는 E_g+eV이다. 따라서 전류는 $I_{p\to n}\propto e^{(E_g+eV)/kT}$로 나타난다.

다이오드에 흐르는 전류는 두 전류의 합이고, 전압이 걸리지 않으면 전류가 흐르지 않으므로

$I=I_{n\to p}+I_{p\to n}=J(T)(e^{eV/kT}-1)$이다. ($J(T)$: 포화전류)

$\frac{eV}{kT}=\frac{1.6\times10^{-19}C\times0.025V}{1.38\times10^{-23}J/K\times290K}=\frac{400}{400.2}\approx1$이라고 하면 $\frac{I_1}{I_2}\approx\frac{e-1}{e^{-1}-1}=-e$이다.

21

길이가 L=18.75cm인 폐관으로부터 다양한 공명주파수를 갖는 음파가 발생하고 있다. 관에서부터 발생한 신호를 오른쪽 그림에서와 같은 위치의 두 스피커로부터 출력시킬 때, 마이크가 있는 위치에서 보강 간섭이 일어나는 가장 낮은 공명주파수가 몇 Hz인지 계산하시오. 단, 음속은 $v = 330m/s$라고 가정하고, 계산에 필요한 값은 아래 표를 이용하시오.

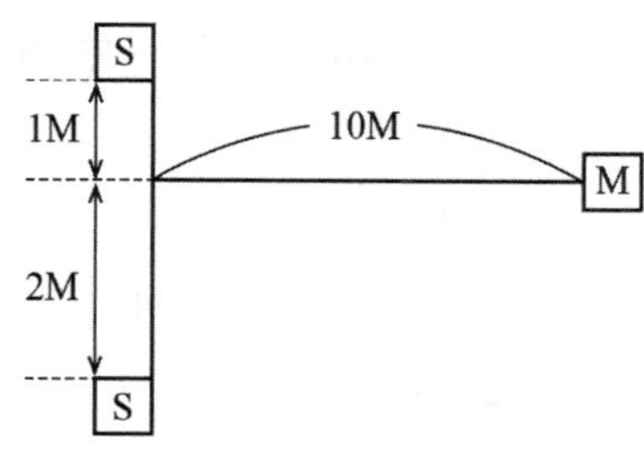

$\sqrt{91}$	$\sqrt{96}$	$\sqrt{99}$	$\sqrt{101}$	$\sqrt{104}$	$\sqrt{109}$
9.54	9.80	9.95	10.05	10.20	10.44

출제영역 파동 - 역학적 파동 | 정답 | 2200Hz

필수개념 폐관에서의 정상파 파장, 물결파 간섭 실험, 경로차, 보강간섭 조건, 진동수와 파장 관계

Key Note

우선 폐관에서의 정상파 파장 공식($\lambda = \frac{4L}{홀}$)을 적용하고, 경로차($\varDelta = \sqrt{104} - \sqrt{101}$)와 간섭 조건을 연립($\varDelta = m\lambda$)하면 된다.

해설

i) 폐관에서 발생하는 파장 : $\lambda = \frac{4L}{홀} = \frac{0.75}{홀}$ …①

ii) 경로차 : $\varDelta = \sqrt{104} - \sqrt{101} = 0.15$ …②

iii) 보강간섭 조건 : $\varDelta = m\lambda = m\frac{0.75}{홀}$, 단 $m = 0,1,2,...$ …③

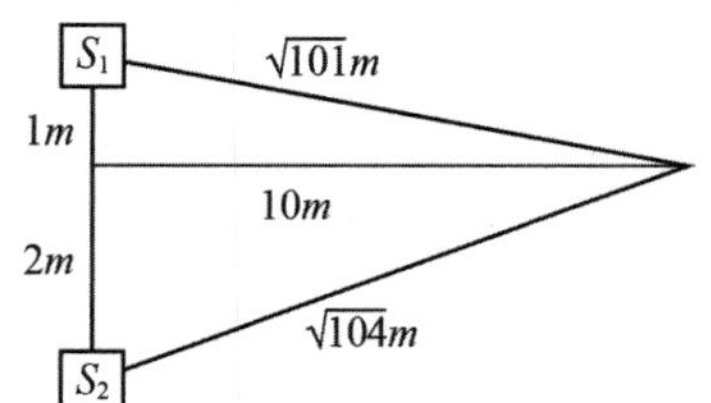

iv) ②=③에서 $홀 = 5m \leftarrow m = 0,1,2,...$

$= 0, 5, 10, 15, ...$

→ 최소 주파수, 즉 최대 파장이 되려면 최소 홀수여야 한다. 그러므로 $홀 = 5$ 이다.

v) $f = \frac{v}{\lambda} = \frac{330}{0.75/5} = 2200Hz$

22

매우 작은 반지름 r을 갖고 원운동 하는 전자가 $\mu=9.3\times10^{-24}J/T$의 자기 쌍극자 모멘트를 갖고 있다. 자기 쌍극자 모멘트의 축이 수평 방향으로 누워있고, 크기가 1T인 자기장이 수직 방향으로 걸려있을 때 자기 쌍극자 모멘트의 축은 수평면에서 회전한다. 쌍극자모멘트의 축 방향이 한 바퀴 회전하는 데 걸리는 시간은 몇 초인지 유효숫자 한 자리로 계산하시오. 즉, 답안을 $n_1\times10^{n_2}$초로 작성하시오. (n_1및 n_2는 정수) 계산을 위해 다음 값을 사용할 수 있으며, 전자의 스핀은 무시한다. (전자의 전하량 $e=1.60\times10^{-19}C$ 및 질량 $m_e=9.1\times10^{-31}$kg)

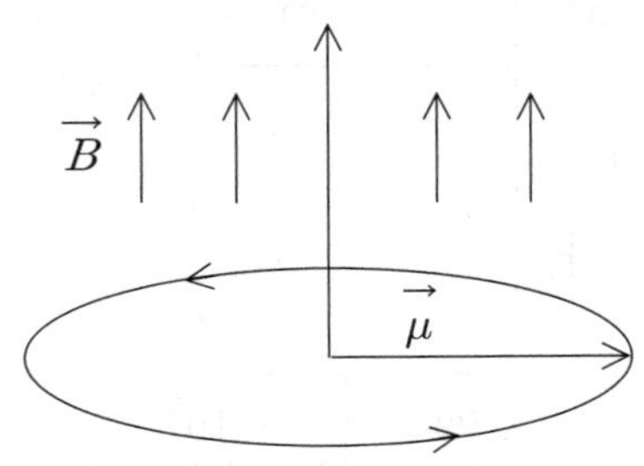

출제영역 강체역학, 전자기학 - 정자기학 | 정답 | $T_p\simeq7\times10^{-11}s$

필수개념 토크와 각운동량 관계, 자기 쌍극자 모멘트, 자기 쌍극자가 받는 토크

Key Note

그 해 문제 중 두 번째로 어려웠던 문제이다. 처음 출제된 주제이다. '세차'에 관한 문제이다. 우선 토크의 정의로부터 식을 세운 후, 쌍극자가 받는 토크($\tau=\mu B\sin\theta$)를 연립한다. 여기에 궤도 각운동량에 의한 자기 쌍극자 모멘트($\mu=\dfrac{eL}{2m}$)을 적용한다.

해설

$|\vec{\tau}|=|\dfrac{d\vec{L}}{dt}|=\dfrac{L\sin\theta\,d\phi}{dt}$과 $\tau=\mu B\sin\theta$에서 $\dfrac{d\phi}{dt}=\dfrac{\mu B}{L}=\dfrac{eL}{2m}\dfrac{B}{L}=\dfrac{eB}{2m}$이다.

그러므로 세차 주기는 $T_p=\dfrac{2\pi}{w}=\dfrac{4\pi m}{eB}=\dfrac{4\pi\times9.1\times10^{-31}}{1.6\times10^{-19}\times1}\simeq7\times10^{-11}s$

2023년 연세대학교 총평

연세대 물리는 객관식 20문항(각 4점)과 주관식 단답형 2문항(각 10점)으로 출제 되었고, 출제 구성은 2018학년도부터 계속 유지되고 있다. 2023학년도는 현대물리 단원이 다른 단원에 비해 출제 비중이 높았던 점이 특징이다.
출제문항은 대학물리(young, halliday)의 연습문제 수준을 벗어나지 않는다. 단원별로 중시하는 기본 샘플과 유사한 문제가 70% 정도를 차지하며, 지엽적이고 어려운 계산 문제가 나머지 30% 정도를 차지한다.

연세대학교 편입
기출 문제 및 해설

01

플랑크 상수(h)와 빛의 속도(c)의 곱 hc의 차원을 길이(L), 시간(T), 질량(M)으로 구하시오.

출제영역 측정 | 정답 | ML^3T^{-2}

필수개념 MKS단위계, 차원분석

Key Note 차원분석을 통해서 물리량의 의미를 이해한다.

해설

광자 에너지 $E = hf = h \cdot \dfrac{c}{\lambda}$

$hc = E\lambda$ $[J \cdot m = N \cdot m^2 = kg\,m/s^2 \cdot m^2 = kgm^3s^{-2}]$

$\therefore\ ML^3T^{-2}$

02

정지 질량이 m인 입자가 가속하여 총 E가 정지질량 에너지 E의 2배가 되었다고 한다. 물체의 속도는 빛의 속도의 몇 배인지 구하시오.

출제영역 상대론 | 정답 | $\dfrac{\sqrt{3}}{2}$

필수개념 전체에너지, 로렌츠 인자

Key Note

전체에너지가 정지에너지의 2배이므로 로렌츠 인자를 구해서 정리한다.

해설

$E = E_0 + E_k = 2E_0$

로렌츠 인자 $\gamma = \dfrac{1}{\sqrt{1-\left(\dfrac{v}{c}\right)^2}} = 2$

양변제곱하면 $4\left(1-\dfrac{v^2}{c^2}\right) = 1$

$1-\dfrac{v^2}{c^2} = \dfrac{1}{4}$

$\dfrac{v^2}{c^2} = 1-\dfrac{1}{4} = \dfrac{3}{4}$

$\therefore\ \dfrac{v}{c} = \dfrac{\sqrt{3}}{2}$

03

스프링 상수가 k인 스프링 끝에 붙어있는 질량 m인 물체가 평면 위에서 1차원 단진자 운동을 하고 있다. 만약 질량이 0.01m인 파리가 이 물체에 날아와 붙는 경우 진동수의 변화를 근사적으로 구하시오. (단 중력, 물체와 평면 사이의 마찰, 그리고 파리가 물체에 붙을 때 가하는 힘은 무시한다.)

출제영역 단진동

I 정답 I $\frac{f_1}{1.005}$배

필수개념 용수철 진자의 주기

Key Note

질량의 변화에 따른 주기의 변화와 진동수 변화

해설

$$f_1=\frac{1}{2\pi}\sqrt{\frac{k}{m}}$$

$$f_2=\frac{1}{2\pi}\sqrt{\frac{k}{1.01m}}$$

$$\sqrt{1.01}f_2=f_1$$

$$\therefore\ f_2=\frac{f_1}{\sqrt{1.01}}=\frac{f_1}{(1+0.01)^{\frac{1}{2}}}\approx\frac{f_1}{1+\frac{1}{2}\times 0.01}=\frac{f_1}{1.005}$$

04

반지름 R, 질량 M인 구형 행성의 지표면에서 중력가속도가 g일 때, 지표면으로부터 높이 h인 지점에서 중력가속도를 근사적으로 구하시오. (h<<<R)

출제영역 중력

I 정답 I $\frac{GM}{R^2}(1-\frac{2h}{R})$

필수개념 중력, 중력가속도

Key Note

고도에 따른 중력장의 세기 변화를 구한다.

해설

만유인력 $F=G\frac{Mm}{R^2}=mg$, 지표면에서의 중력가속도 $g=\frac{GM}{R^2}$

지표면으로부터 높이 h인 지점에서 중력가속도

$$g'=\frac{GM}{(R+h)^2}=\frac{GM}{R^2\left(1+\frac{h}{R}\right)^2}=\frac{GM}{R^2}(1+\frac{h}{R})^{-2}=\frac{GM}{R^2}(1-\frac{2h}{R})$$

05

온도와 밀도가 매우 높은 조건에서 움직이는 물체의 에너지 E는 절대온도 T로 결정되며 $E=\frac{3}{2}kT$로 나타낼 수 있다. 수소가 이온화 되는 절대온도를 어림하여 계산 하시오. (단, 볼츠만 상수는 $k\simeq 10^{-4}eV/K$ 라 하자)

출제영역 기체분자 운동론

| 정답 | $9.07\times10^{-4}k$

필수개념 기체분자 운동론, 수소 에너지 준위

Key Note

에너지와 수소 에너지 준위를 이용하여 절대온도를 구한다.

해설

수소 에너지 준위 $13.6eV$

$13.6eV=\frac{3}{2}\times10^{-4}eV/K\times T$

$\therefore\ T=\frac{2}{3}\times13.6\times10^{-4}=9.07\times10^{-4}K$

06

3차원 공간에서 전자의 확률적 분포적 분포를 나타내는 파동함수가 $\psi(r)=A\frac{1}{r}e(\frac{-r^2}{a})$일 때, 궤도 반지름의 기댓값을 구하시오. (단 $|A|^2=\frac{1}{\pi\sqrt{2\pi a}}$ 이고, a는 상수이다.)

출제영역 물질파

| 정답 | $\sqrt{\frac{a}{2\pi}}$

필수개념 파동함수, 기댓값

Key Note

파동함수를 이용하여 궤도반지름의 기댓값을 구하는 연습이 필요

해설

궤도 반지름의 기댓값

$$<r>\ =\int r\frac{1}{\pi\sqrt{2\pi a}}\frac{1}{r^2}e^{-\frac{2r^2}{a}}r^2dr\,d\Omega=\frac{4\pi}{\pi\sqrt{2\pi a}}\int e^{-\frac{2r^2}{a}}r^2dr$$

$x=\frac{2r^2}{a}$, $dx=\frac{4rdr}{a}$, $4rdr=\frac{a}{4}dx$ 이므로

$$<r>\ =\frac{4}{\sqrt{2\pi a}}\int e^{-x}\frac{a}{4}dx=\sqrt{\frac{a}{2\pi}}\int_0^\infty e^{-x}dx=\sqrt{\frac{a}{2\pi}}$$

07

원뿔 모양의 물체가 액체에 가만히 떠있다고 하자. 물체의 전체 높이는 30cm이고, 가라앉은 부분은 20cm라면 물체의 밀도는 액체의 밀도의 몇배인가?

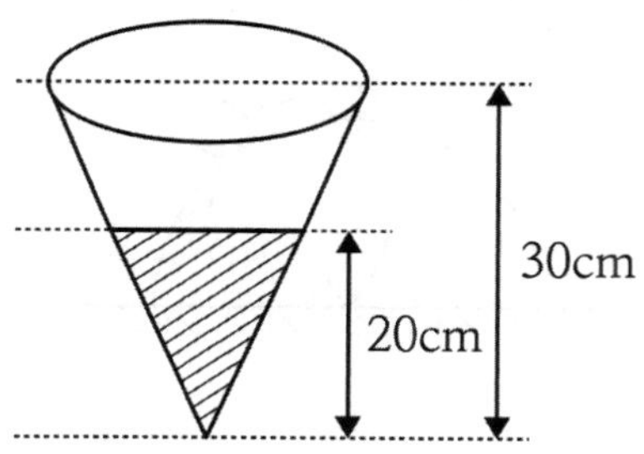

출제영역 힘과 운동

| 정답 | $\frac{8}{27}$

필수개념 부력

Key Note

부력은 물체가 차지하고 있는 부피만큼의 유체의 무게와 같다.

해설

$Mg = \rho_{액체}\, g\, V$

$\rho_{물체}\, g \frac{1}{3}\pi(3r)^2 \times 0.3 = \rho_{액체}\, g \frac{1}{3}\pi(2r)^2 \times 0.2$

$\rho_{물체} \times 9 \times 3 = \rho_{액체} \times 4 \times 2$

$\therefore \frac{\rho_{물체}}{\rho_{액체}} = \frac{8}{27}$

08

질량 m인 물체가 지표면에 고정된 반지름이 R인 반구면의 정점에서 미끄러져 내려올 때 구면에서 이탈하는 순간 지표면으로부터 물체의 높이 H를 구하시오. (단, 초기 운동에너지가 초기 위치에너지의 20%이고, 물체의 크기 및 저항은 무시하고, 지표면을 위치에너지가 0인 기준점으로 한다.)

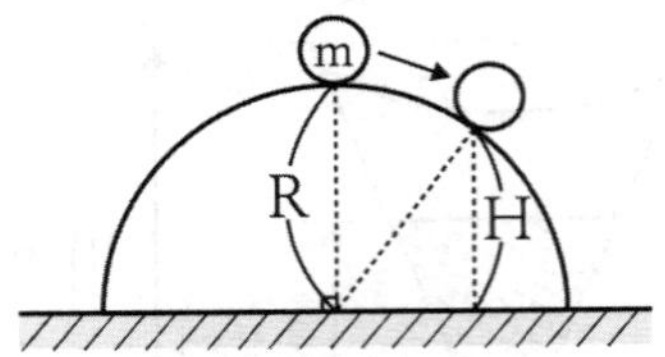

출제영역 에너지

I 정답 I $H=\frac{4}{5}R$

필수개념 역학적 에너지 보존 법칙

Key Note

보존력만 작용하면 처음 높이에서의 역학적 에너지와 나중 높이에서의 역학적 에너지가 보존된다.

해설

반구면의 정점에서의 역학적 에너지와 이탈하는 H높이에서 역학적 에너지는 보존되므로

$mgR+\frac{1}{5}mgR=\frac{6}{5}mgR=mgH+\frac{1}{2}mv^2$ ---- ①

이탈하는 순간 접촉면이 공에 작용하는 수직항력 $N=0$이므로 $mg\cos\theta=m\frac{v^2}{R}$ ----②

$\cos\theta=\frac{H}{R}$이므로 ②번식에 대입하고 정리하면 $v=\sqrt{gH}$ ----③

③을 ①에 대입하고 정리하면

$\therefore H=\frac{4}{5}R$

09

2차원 평면상에서 고정핀에 걸려 정지해 있는 막대의 가장 아래 부분을 속도가 v인 총알로 맞췄다. 총알이 막대에 박혀 막대와 함께 회전한다고 가정할 때 충돌 직후 막대의 각속도를 구하시오. (단, 길이가 l인 막대의 질량은 총알의 9배이고 고르게 분포해 있다. 막대의 두께와 총알의 크기는 무시할 정도로 작다. 공기 저항 및 고정핀과 막대 사이의 마찰은 무시할 수 있고 중력가속도는 g로 일정하다. 충돌 전 막대의 관성 모멘트 $I = 3ml^2$ 이고 총알의 질량은 m이다.)

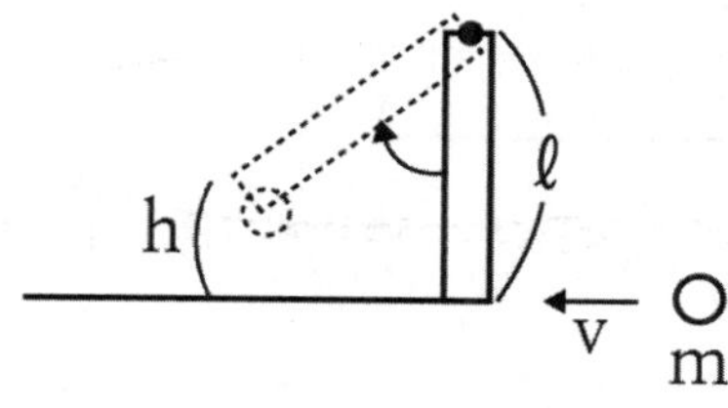

출제영역 회전역학

| 정답 | $\frac{v}{4l}$

필수개념 각운동량, 회전관성, 각운동량 보존법칙, 역학적 에너지 보존

Key Note

외부토크가 작용하지 않으면 처음 각운동량과 나중 각운동량은 같다.

해설

회전 운동 에너지 $E_k = \frac{1}{2}I\omega^2$

각운동량 $L = I\omega$

각운동량 보존법칙 $L_1 = L_2$에 의해서

$$ml^2 \times \frac{v}{l} = (2ml^2 + ml^2)\omega'$$

$$\omega' = \frac{mlv}{4ml^2} = \frac{v}{4l}$$

10

문제 9의 상황에서 충돌 후 막대와 막대에 박힌 총알이 함께 회전하다가 멈추게 되었을 때, 막대 끝의 높이 h를 구하시오.

출제영역 회전역학

ㅣ정답ㅣ $\frac{v^2}{80g}$

필수개념 회전운동에너지, 역학적 에너지 보존, 질량중심

Key Note

충돌 직후에 회전운동에너지와 질량 중심의 위치 에너지는 최종상태의 역학적 에너지와 같다.

해설

회전 운동 에너지 $E_k=\frac{1}{2}\times(4ml^2)\times\left(\frac{v}{4l}\right)^2=\frac{1}{8}mv^2$

축으로부터의 질량중심 $Y_{CM}=\frac{9m\times\frac{l}{2}+m\times l}{9m+m}=\frac{11}{20}l$

중력 위치에너지 $E_p=10mg\times\frac{9l}{20}=\frac{9}{2}mgl$

나중 역학적 에너지 $E=10mgH$

역학적 에너지 보존 법칙에 의해서 $\frac{1}{8}mv^2+\frac{9}{2}mgl=10mgH$

$H=\frac{v^2}{80g}+\frac{9}{20}l$

질량중심이 올라간 높이는 $h=H-Y_{CM}=\frac{v^2}{80g}$ 이므로

막대 끝의 높이 $h=\frac{v^2}{80g}$ 이다.

$\therefore\ h=\frac{v^2}{80g}$

11

아래 자료는 카르노 기관의 가역적 순환과정이다. 카르노 기관의 효율을 계산하시오. (단, 단원자 이상기체로 가정)

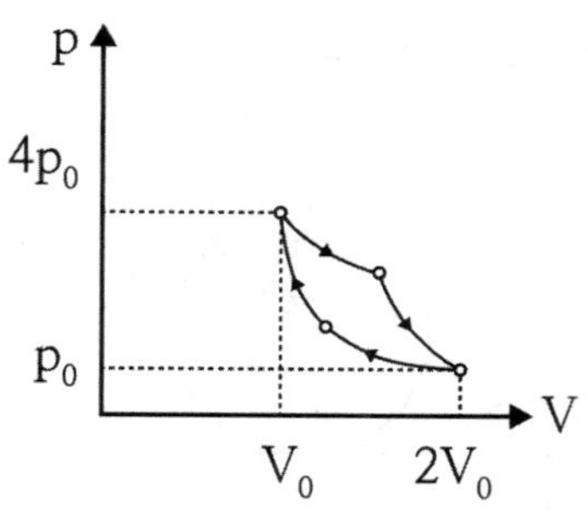

출제영역 열역학

ㅣ정답ㅣ $\frac{1}{2}$

필수개념 카르노 기관의 효율

Key Note

이상기체 상태 방정식을 세우고 압력과 부피를 곱한 값은 온도에 비례하므로 온도를 구하고 카르노 기관의 열효율 구하는 식에 대입한다.

해설

카르노 기관의 열효율 $e_c = 1 - \frac{T_c}{T_h}$

$4P_0V_0 = nRT_h$ ------> $T_h = \frac{4P_0V_0}{nR}$

$P_0 2V_0 = nRT_c$ ------> $T_c = \frac{2P_0V_0}{nR}$

$T_h = 2T_c$

$\therefore\ e_c = 1 - \frac{T_c}{T_h} = \frac{1}{2}$

12

단위 길이당 저항이 λ인 긴 도선을 이용하여 반지름이 r_0인 원형루프를 만들고 남은 도선은 두 실험자가 잡고 움직일 수 있도록 하였다. 그림과 같이 두 실험자가 도선의 두 끝을 동시에 일정한 속도 v로 반대방향으로 수평하게 잡아 당길 때 원형 루프에 유도되는 전류의 세기를 구하시오.

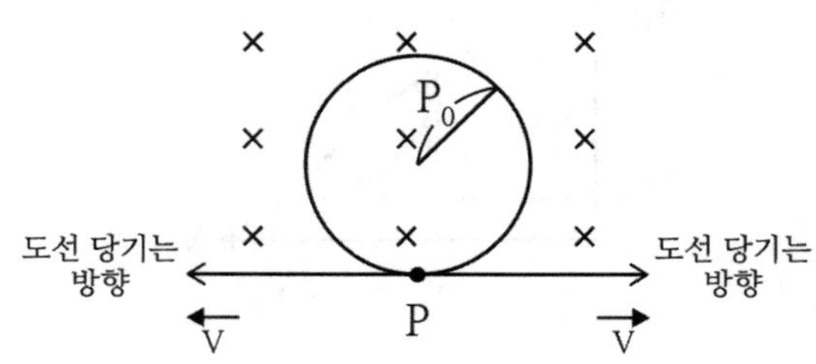

출제영역 전자기 유도

ㅣ정답ㅣ $\dfrac{Bv}{\lambda}$

필수개념 패러데이 법칙

Key Note

패러데이의 법칙을 이용하여 유도기전력을 구하고 유도전류의 세기를 구한다.

해설

유도기전력 $V=-N\dfrac{d\phi}{dt}=-B\dfrac{dA}{dt}=-B\dfrac{d}{dt}(\pi r^2)=-B\dfrac{d}{dr}(\pi r^2)\dfrac{dr}{dt}=-B(2\pi r)v$

유도전류의 세기 $I=\dfrac{V}{R}=\dfrac{B(2\pi r)v}{(2\pi r)\lambda}=\dfrac{Bv}{\lambda}$

13

P지점에서 두 개의 입자가 같은 속력 v로 균일한 자기장 B가 인가된 영역으로 각각 따로 입사되었다. 입사될 때 운동 방향의 사이 각도는 θ이고 자기장의 방향은 그림에 그려진 종이면에 수직으로 들어가는 방향이고, 두 입자는 질량이 m이고, 전하량은 +q, −q를 갖는다. 두 입자가 만나는 지점을 O라고 할 때 입자가 P에서 O까지 이동하는데 걸리는 시간을 구하시오.

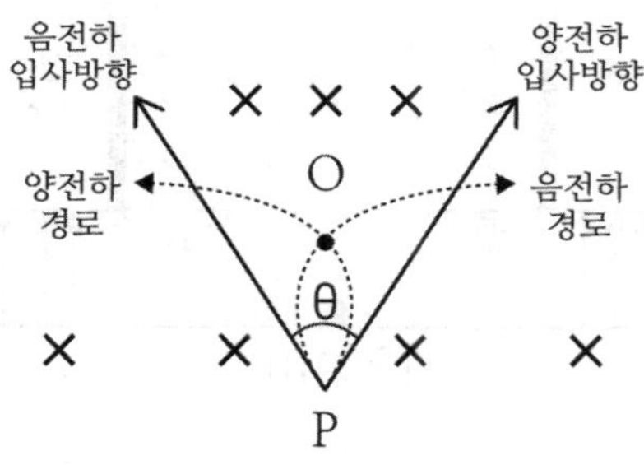

출제영역 자기장

| 정답 | $T' = \dfrac{m(\pi-\theta)}{Bq}$

필수개념 로렌츠힘을 받아 원운동 할 때 반지름과 주기 구하기

Key Note

각도에 의해서 시간이 결정된다.

해설

자기력이 구심력 역할을 하므로 $qvB = m\dfrac{v^2}{r}$이고

원운동 반지름 $r = \dfrac{mv}{Bq}$

주기 $T = \dfrac{2\pi r}{v} = \dfrac{2\pi m}{Bq}$

$$T' = \frac{2\pi m}{Bq} \times \left(\frac{\pi-\theta}{2\pi}\right) = \frac{m(\pi-\theta)}{Bq}$$

14

거리가 d만큼 떨어진 두 평행한 도체판 사이에 형성된 균일한 전기장 E에서 정지해 있던 입자가 가속하여 지면에 수직인 균일한 자기장 B가 걸린 공간으로 들어갔다. 입자가 입사한 위치로부터 R만큼 떨어진 위치에 수직으로 세워진 스크린이 있을 경우 입자가 도체판에 다시 도달하기 전 스크린에 충돌하여 만드는 최소 전기장의 세기는? (q>0 이고, 입자의 질량 : m)

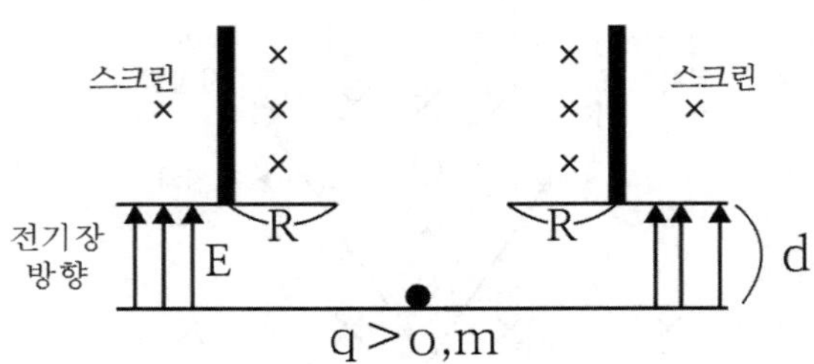

출제영역 전기장과 자기장

| 정답 | 최소 전기장 $E=\dfrac{qB^2R^2}{8md}$

필수개념 전기력이 한 일, 로렌츠 힘

Key Note

전기력이 한 일이 알짜힘이 한 일과 같으므로 운동에너지 변화량과 같다.

해설

전기력이 한 일이 운동에너지 변화량과 같으므로 $qEd=\dfrac{1}{2}mv^2$ $\quad v^2=\dfrac{2qEd}{m} \rightarrow v=\sqrt{\dfrac{2qEd}{m}}$

자기력이 구심력과 같으므로 $qvB=m\dfrac{v^2}{\left(\dfrac{R}{2}\right)}=\dfrac{2mv^2}{R}$

$qB=\dfrac{2m}{R}\sqrt{\dfrac{2qEd}{m}}$

양변 제곱하면 $q^2B^2=\dfrac{4m^2}{R^2}\dfrac{2qEd}{m}$

$\therefore\ E=\dfrac{qB^2R^2}{8md}$

15

아래 회로에서 스위치를 a에 연결한 뒤 충분히 긴 시간을 기다려 축적기를 충전했다. 이후 스위치를 b로 옮긴 뒤 1초가 지난 다음 저항 R에 흐르는 전류의 크기를 계산하시오.

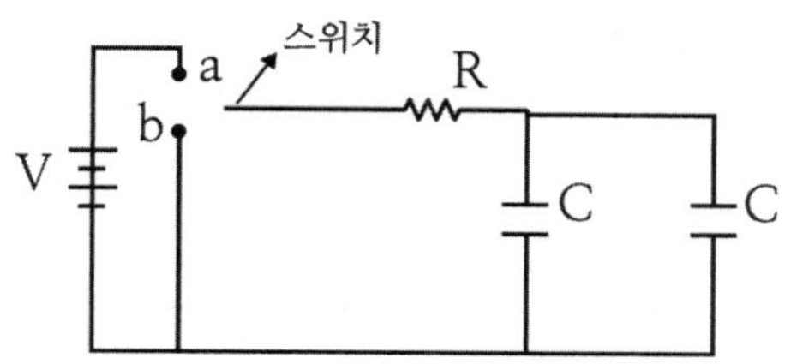

출제영역 축전기 RC회로

| 정답 | $\frac{V}{R}\times e^{-\frac{1}{2RC}}$

필수개념 축전기의 연결, 용량 시간상수, 축전기의 충전과 방전

Key Note

축전기의 방전 방정식을 이해한다.

해설

합성 전기용량 $Ceq=2C$

$I=\frac{V}{R}\times e^{-\frac{t}{2RC}}=\frac{V}{R}\times e^{-\frac{1}{2RC}}$

16

부호가 다른 점전하 +Q, −Q가 거리 2d 만큼 떨어져 고정 되어있다. 초기 운동에너지 E_k를 가지고 +q를 갖는 다른 입자가 초기 위치 $R_0 = \sqrt{11}\,d$ 에서 왼쪽으로 이동한다. 이 입자가 고정된 점전하에 최대 접근했을 때 위치가 $R_f = \sqrt{6}\,d$가 되기 위한 초기 E_k를 구하시오.

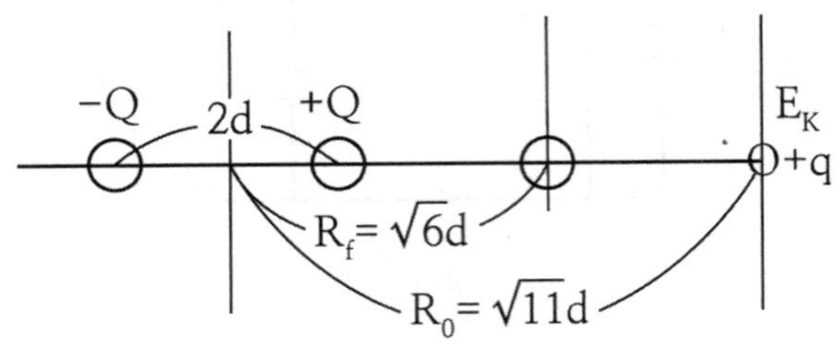

출제영역 전기

I 정답 I $-\dfrac{1}{4\pi\varepsilon_0}\dfrac{3Qq}{5d}$

필수개념 전기위치에너지, 역학적 에너지 보존

Key Note

처음 역학적 에너지와 나중 역학적 에너지가 보존된다.

해설

역학적 에너지 보존 법칙에 의해서

$$\left(E_k - k\frac{Qq}{\sqrt{11}\,d+d} + k\frac{Qq}{\sqrt{11}\,d-d}\right) = -k\frac{Qq}{\sqrt{6}\,d+d} + k\frac{Qq}{\sqrt{6}\,d-d}$$

$$E_k = kQq\left(\frac{1}{\sqrt{11}\,d+d} - \frac{1}{\sqrt{11}\,d-d} + \frac{1}{\sqrt{6}\,d-d} - \frac{1}{\sqrt{6}\,d+d}\right)$$

$$= kQq\left(\frac{(\sqrt{11}\,d-d)-(\sqrt{11}\,d+d)}{11d^2-d^2} - \frac{\sqrt{6}\,d+d-(\sqrt{6}\,d-d)}{6d^2-d^2}\right)$$

$$= kQq\left(\frac{-2d}{10d^2} - \frac{4d}{10d^2}\right)$$

$$= -\frac{1}{4\pi\varepsilon_0}\frac{6dQq}{10d^2} = -\frac{1}{4\pi\varepsilon_0}\frac{3Qq}{5d}$$

17

길이가 L=1m 인 레일에 직류 전압 12V를 직렬로 연결하였다. 레일은 위치에 따라 일정한 비저항을 갖는다. 이때 하나의 연결고리는 등속도 운동을 하며 다른 하나는 레일의 오른쪽 끝에 고정되어 실험자는 시간에 따른 두 연결고리 사이의 전위차를 측정한다. 처음 전압은 6V이고 이후 5초 동안 전압이 3V가 될 때까지 감소하였다. 이 때 등속 운동하는 연결 고리의 속도 v를 구하시오. (단, 레일을 제외한 저항은 모두 무시한다.)

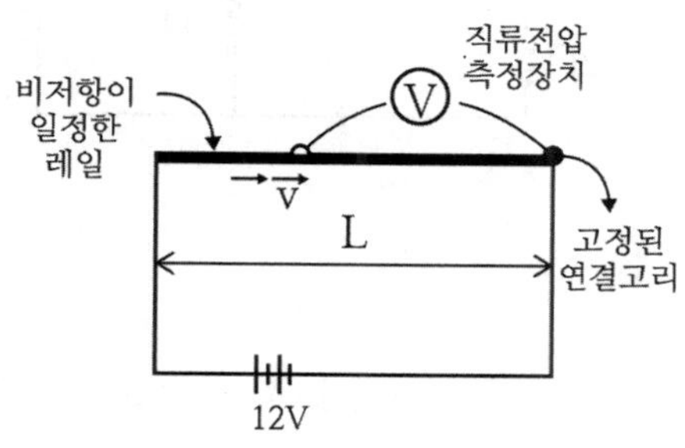

출제영역 직류 회로

필수개념 단자 전압

| 정답 | $5cm/s$

Key Note

저항의 직렬연결에서는 저항비와 전압비가 같다.

해설

처음에는 전압이 6V이므로 50cm인 곳에 있다가 전압이 3V로 감소했으므로 25cm인 곳으로 이동했으므로 $\frac{25cm}{5} = 5cm/s$

18

아래 회로에서 전류 I_1을 구하시오.

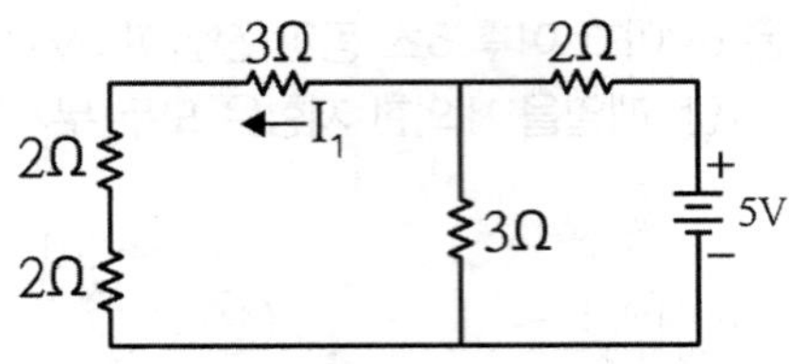

출제영역 직류 회로

I 정답 I $\frac{15}{41}A$

필수개념 저항의 직렬, 병렬연결에 따른 합성저항 구하기.

Key Note

저항의 직병렬을 이용하여 전체 합성정항을 구하고 전체 전류를 구해서 전압분할을 통해서 구한다.

해설

전체 합성저항은 $R_{eq}=4.1\Omega$이므로 전체전류는 $I_0=\frac{5}{4.1}=\frac{50}{41}A$

$\therefore\ I_1=\frac{50}{41}\times\frac{3}{10}=\frac{15}{41}A$

19

폭이 L인 1차원 무한 포텐셜 우물에 갇혀 있는 입자가 바닥 상태에 있다고 가정하자. 우물의 폭이 2배로 늘어날 때 빛이 방출 되는데 이 빛의 파장을 구하시오.

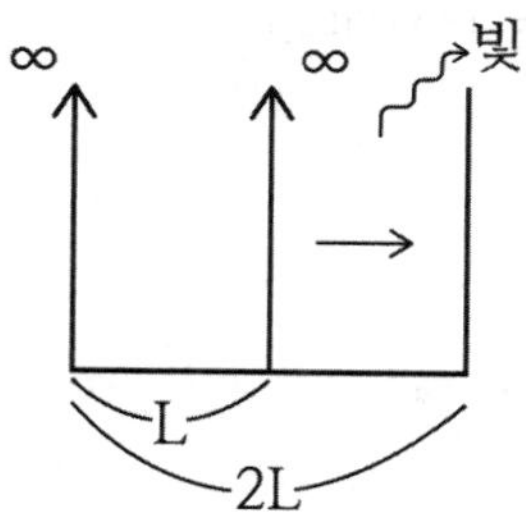

출제영역 무한우물

ㅣ정답ㅣ $\lambda = \frac{4L}{\sqrt{3}}$

필수개념 양자화 에너지, 드브로이 물질파 파장

Key Note

양자화 에너지의 차이를 구하고 에너지식을 정리하여 파장을 구한다.

해설

$$\frac{h^2}{8mL^2} - \frac{h^2}{3vmL^2} = \frac{3h^2}{3vmL^2} = \Delta E$$

$$= \frac{p^2}{2m} = \frac{\left(\frac{h}{\lambda}\right)^2}{2m}$$

$$\left(\frac{h}{\lambda}\right)^2 = 2m \times \frac{3h^2}{3vmL^2} = \frac{3h^2}{16L^2}$$

$$\frac{h^2}{\lambda^2} = \frac{3h^2}{16L^2}$$

$$\lambda^2 = \frac{16L^2}{3}$$

$$\therefore \lambda = \frac{4L}{\sqrt{3}}$$

20

표면에서 중력가속도가 g이고 반지름이 R인 행성의 표면온도는 T라고 한다. 이 행성의 대기를 이루는 기체 분자의 질량의 하한값을 분자의 속도와 탈출속도를 비교하여 측정하시오. (단, 기체 분자의 평균운동에너지는 $E=\frac{3}{2}kT$로 근사하고, 볼츠만 상수: k, 대기층의 두께는 무시한다.)

출제영역 기체분자 운동론 | 정답 | $\frac{3kT}{2gR}$

필수개념 역학적 에너지, 탈출속도, 기체분자 평균운동에너지

Key Note

역학적 에너지 보존법칙을 이용하여 탈출속도를 구한다.

해설

$$E_k + E_p = \frac{1}{2}mv^2 - \frac{GMm}{R} = 0$$

$$v = \sqrt{\frac{2GM}{R}} = \sqrt{\frac{2gR^2}{R}} = \sqrt{2gR}$$

$$\frac{3}{2}kT = \frac{GMm}{R}$$

$$\therefore\ m = \frac{3kRT}{2GM} = \frac{3kT}{2gR}$$

주관식

01

단파장 ($\lambda\ = 6.2\times10^{-7}m$) 광원 앞에 슬릿 간격이 (d = $5\times10^{-5}m$) 인 이중 슬릿을 설치하고 거리(ℓ =2.25m) 만큼 떨어진 위치 O에서 광센서를 수직으로 움직이면서 빛의 세기를 측정하였다. 두 번째 상쇄간섭이 측정된 위치 (P)에서 센서를 수평방향으로 일정한 속도로 움직이며 측정을 이어갔다. 동쪽 방향으로 등속 운동하는 과정에서 5초 뒤 보강간섭이 측정되었다. 이때 센서의 수평방향 속도는? (단, 도플러 효과는 무시한다.)`

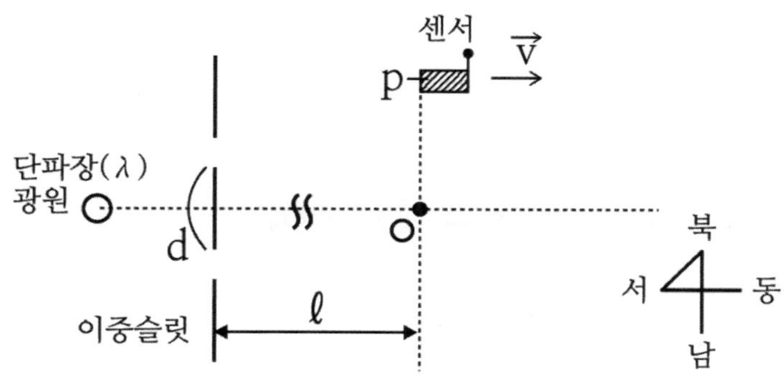

출제영역 간섭 | 정답 | $0.225\,m/s$

필수개념 영의 이중슬릿실험

Key Note

밝은 무늬 사이의 간격을 구하고 그 변화를 이용하여 속력을 구한다.

해설

밝은무늬 사이의 간격은 $\Delta x = \dfrac{L\lambda}{d}$

$1.5\,\Delta x = \dfrac{1.5L\lambda}{d}$

$\dfrac{2.25m}{2}$ 를 5초 동안 이동하므로 $v = \dfrac{\left(\dfrac{2.25m}{2}\right)}{5s} = \dfrac{2.25}{10} = 0.225\,m/s$

$\therefore\ v = 0.225\,m/s$

주관식

02

핵발전 반응로에서 핵분열 시 생성된 중성자를 느리게 만들어 연쇄 핵 반응을 유지시키는 것이 매우 중요하다. 중수에는 보통의 수소보다 두 배 무거운 중수소가 들어있다. 감속재로 활용될 수 있다. 중성자가 정지한 중수소 핵과 충돌하는 과정은 1차원 탄성충돌을 한다. 충돌 후 중성자가 줄어드는 비율을 고려하여 중성자 생성 당시 E의 0.1% 이하로 E가 낮아지기 위해 필요한 최소 충돌 횟수는? (단, 중성자 질량은 1u, 중수소핵 질량은 2u이다.)

출제영역 핵물리 | 정답 | 4회

필수개념 탄성출돌, 반발계수, 운동량 보존 법칙

Key Note

완전탄성충돌은 반발계수가 1이라는 것과 운동량 보존 법칙을 이용하여 연립해서 계산한다.

해설

$e=1=-\frac{v_3-v_4}{v_1}$

$v_3-v_4=-ev_1$

$v_4-v_3=v_1$

$1u\times v_1=1u\times v_3+2u\times v_4$

$v_1=v_3+2v_4$ ---- ①, $v_1=v_4-v_3$ ----②

①+②하면 $2v_1=3v_4$

$v_4=\frac{2}{3}v_1$

$\frac{2}{3}v_1-v_3=v_1$, $\frac{1}{3}v_1=-v_3$

$v_3=-\frac{1}{3}v_1$

1회 충돌시 속력은 $\frac{1}{3}$배

$E=\frac{1}{2}mv^2$ 에너지는 $\frac{1}{9}$배

$\left(\frac{1}{9}\right)^n\geq\frac{1}{1000}$

최소 $n=4$

2024년 연세대학교 총평

1. 예년에 비해 체감 난이도가 굉장히 높았다.
2. 일반물리 뒷부분에 해당하는 현대물리가 너무 과하게 많이 출제되어서, 역학과 전자기 위주로 공부한 학생들이 풀 수 있는 문항이 몇 개 없었을 것이다.
3. 추론이 필요한 문제가 많이 출제되었다.
4. 물리라는 과목 자체가 진입 장벽이 높은데, 더 진입 장벽이 높아졌다.

연세대학교 편입
기출 문제 및 해설

01

유온과 가장 성질이 비슷한 입자는? (질량 차이는 무시한다.)

① 전자　② 광자　③ 양성자
④ 중성자　⑤ 중간자

출제영역 기본입자의 일반적 성질 | 정답 | ① 전자

필수개념 기본 입자, 매개입자, 스핀, 전하

Key Note

기본입자와 매개입자의 특성에 대해 묻는 문항이다.

해설

뮤온과 전자의 다음과 같은 공통점들이 있어 주어진 입자들 중 가장 비슷한 입자가 된다.

▶ 기본 입자 : 둘 다 더 이상 쪼갤 수 없는 기본 입자이다.
▶ 렙톤 : 둘 다 렙톤(lepton)이라는 기본 입자 그룹에 속한다. 렙톤은 강한 상호작용을 하지 않고 약한 상호작용과 전자기 상호작용을 한다.
▶ 스핀 : 둘 다 1/2의 스핀을 가지는 페르미온이다.
▶ 전하 : 둘 다 −1e의 전하를 가진다. (e는 기본 전하량)

종 류	구 분	스 핀	전 하
뮤온	렙톤	1/2(페르미온)	−1e
전자	렙톤	1/2(페르미온)	−1e
광자	매개입자	1(보손)	
양성자	쿼크	1/2(페르미온)	+1e
중성자	쿼크	1/2(페르미온)	
중간자	쿼크&반쿼크	0 또는 1(보손)	

입자의 종류에 따른 특성

02

정지 질량 m을 지닌 관성 좌표계 A에서 속력 $\frac{3}{5}c$로 운동하고 있다. 관성좌표계 A에 대하여 입자의 전체 에너지를 구하시오. (단, 빛의 속력은 c이다.)

① $\frac{6}{5}mc^2$ ② $\frac{5}{4}mc^2$ ③ $\frac{4}{3}mc^2$

④ $\frac{3}{2}mc^2$ ⑤ mc^2

출제영역 상대론

| 정답 | ② $\frac{5}{4}mc^2$

필수개념 상대론적 질량, 질량-에너지 동등성

Key Note

$\frac{3}{5}c$의 속력으로 움직이는 물체의 질량-에너지 동등성을 이용하여 입자의 전체 에너지를 구하는 문항이다.

해설

정지 질량이 m인 물체가 $\frac{3}{5}c$의 속력으로 움직이고 있으므로, 상대론적 질량과 입자의 에너지는 다음과 같다.

▶ 상대론적 질량 : $\gamma m = \dfrac{m}{\sqrt{1-\left(\dfrac{3c/5}{c}\right)^2}} = \dfrac{5}{4}m$

▶ 입자의 에너지 : $E = \gamma mc^2 = \frac{5}{4}mc^2$

그러므로 입자 전체의 에너지는 $\frac{5}{4}mc^2$이다.

03

고유 길이가 10광년인 두 행성 A, B 사이를 로켓이 등속 운동하고 있다. 행성 A를 출발하여 B에 도착했을 때, 로켓에 타고있는 우주 비행사 기준에서 걸린 시간이 10년일 경우, 로켓의 속력은? (단, 빛의 속력은 c이다.)

출제영역 상대론 | 정답 | $\frac{c}{\sqrt{2}}$

필수개념 시간팽창, 길이수축

Key Note

특수 상대성 이론에서 고유시간과 고유길이를 이용하여 로켓의 속력을 구하는 문항이다.

해설

문제에서 주어진 조건들은 다음과 같다.

▶ 로켓의 속력 : v

▶ 두 행성의 거리(고유길이) : $L = 10$광년

▶ 우주 비행사 기준에서 두 행성의 거리 : $L' = \frac{L}{\gamma} = vt_0$

▶ 우주 비행사 기준에서 걸린 시간(고유시간) : $t_0 = 10$년

우주 비행사 기준에서 두 행성의 거리는 $L' = \frac{L}{\gamma} = vt_0$가 되므로, $L \times \sqrt{1-\left(\frac{v}{c}\right)^2} = vt_0$에서

$$v = \frac{L}{t_0} \times \sqrt{1-\left(\frac{v}{c}\right)^2} = \frac{10\text{광년}}{10\text{년}} \times \sqrt{1-\left(\frac{v}{c}\right)^2} = c \times \sqrt{1-\left(\frac{v}{c}\right)^2}$$

이다. 10광년은 빛이 속력 c로 10년 동안 이동한 거리이며, 수식을 정리하여 얻은 $v^2 = c^2 - v^2$의 관계식에서 우주선의 속력 $v = \frac{c}{\sqrt{2}}$를 얻을 수 있다.

04

어떤 방사선 동위원소의 반감기가 6.5시간이다. 최초 48×10^{29}개의 동위원소원자가 있다 가정할 때, 26시간이 지난 후, 남아있는 원자 개수는 대략 몇 개인가?

① 24×10^{29}개
② 12×10^{29}개
③ 8×10^{29}개
④ 6×10^{29}개
⑤ 3×10^{29}개

출제영역 핵물리 | 정답 | ⑤ 3×10^{29}개

필수개념 반감기

Key Note

반감기를 이용하여 방사선 동위원소의 붕괴 후 남아있는 원자의 개수를 구하는 문항이다.

해설

반감기(τ)가 6.5시간인 48×10^{29}개의 동위원소(N_0)가 있다. 26시간(t) 지난 후 남아있는 원자의 개수는

$$N = N_0\left(\frac{1}{2}\right)^{t/\tau} = (48 \times 10^{29}) \times \left(\frac{1}{2}\right)^{26/6.5} = 3 \times 10^{29}\text{개}$$

이다.

05

1차원 퍼텐셜 에너지 $U(x) = ax^2$에 속박되어 있는 입자의 바닥 상태 에너지가 0.6eV였다. $x < 0$인 구간의 퍼텐셜 에너지가 $U(x) = \infty$으로 바뀌었을 때, 첫번째 들뜬 상태의 에너지를 구하시오.

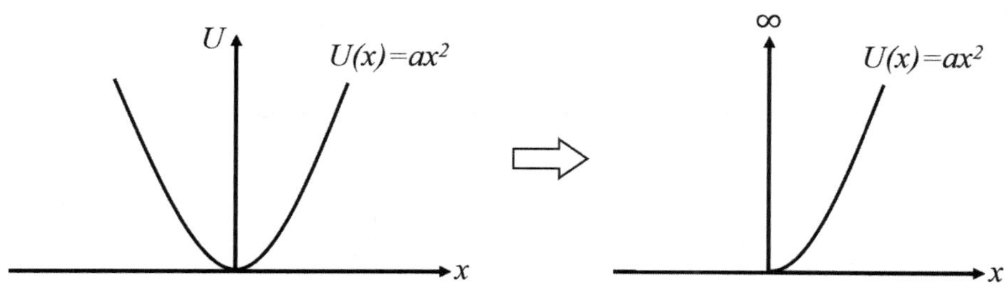

출제영역 현대물리 - 양자역학 | 정답 | 1.8eV

필수개념 조화 진동자의 에너지 에너지 준위, 영점에너지

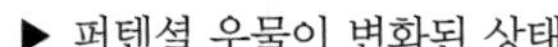

Key Note

특정 퍼텐셜 에너지에 속박되어 있는 입자의 바닥 상태 에너지가 주어진 상황에서 특정 퍼텐셜 에너지가 변하였을 때, 경계조건을 만족하는 파동함수에 의한 들뜬 상태의 에너지를 구하는 문항이다.

해설

▶ 초기 상태의 퍼텐셜 우물

- 퍼텐셜 에너지 : $U(x) = ax^2$
- 조화 진동자의 에너지 준위 :

$$E_n = \left(n + \frac{1}{2}\right)\hbar\omega \quad (n = 0,\ 1,\ 2,\ \cdots)$$

초기 상태의 퍼텐셜 우물에서 바닥 상태의 영점에너지가 $E_0 = \frac{1}{2}\hbar\omega = 0.6\,\mathrm{eV}$이므로 $\hbar\omega = 1.2\,\mathrm{eV}$를 구할 수 있다.

▶ 퍼텐셜 우물이 변화된 상태

- 변화된 퍼텐셜 에너지 : $\begin{cases} x < 0 & U(x) = \infty \\ x > 0 & U(x) = ax^2 \end{cases}$
- 경계조건에 의해 변화된 퍼텐셜 우물에서 $n = 1,\ 3,\ 5,\ \cdots$인 경우에만 입자가 존재한다.

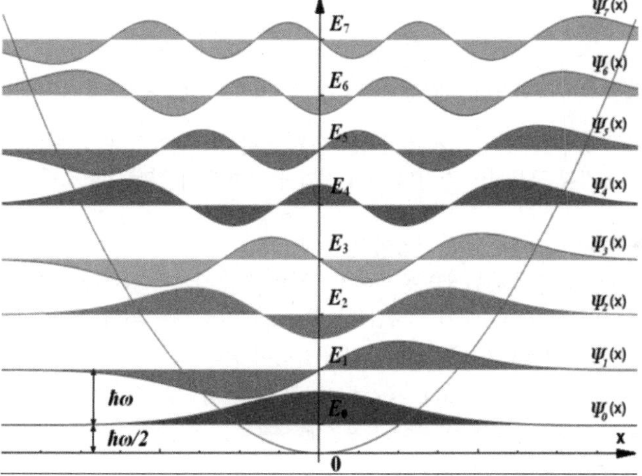

그러므로 변화된 퍼텐셜 우물에서 첫 번째로 들뜬 상태인 $n=1$에서의 에너지는

$$E_1 = \frac{3}{2}\hbar\omega = \frac{3}{2} \times 1.2\ \ \mathrm{eV} = 1.8\,\mathrm{eV}$$

가 된다.

06

그림과 같이 교류 전원($V_i = 5\sin(2000\pi t)\,V$)에 다이오드(D), 저항($R = 5k\Omega$), 축적지($C = 100\mu F$)가 연결되어 있을 때. 출력전압 $V_0(t)$의 최댓값과 최솟값의 차이를 어림하여 계산하시오. (단, 다이오드의 전위장벽은 0.6V이고 내부저항은 무시한다.)

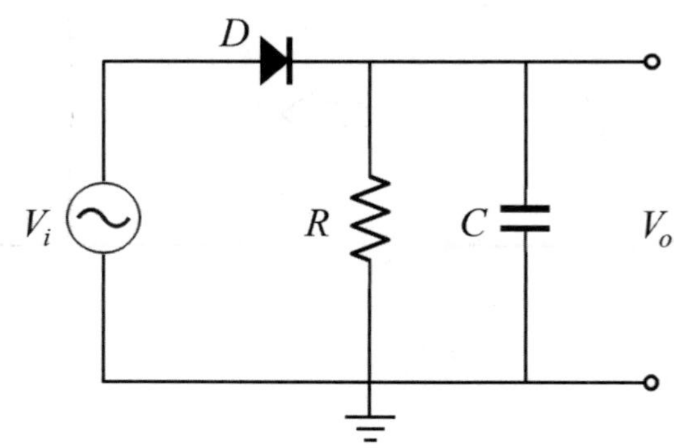

출제영역 회로이론

| 정답 | 출력전압의 최댓값과 최솟값의 차이는 대략 $5\,\mathrm{V}$이다.

필수개념 다이오드의 정류작용, 축전기의 동작 특성

Key Note

교류 전원으로 구성된 회로에서 다이오드에 의한 정류 작용과, 축전기의 동작 특성에 의한 효과를 고려하여 출력 전압을 구하는 문항이다.

해설

회로에서 축전기의 시간상수는 $\tau = R \times C = 5\,\mathrm{k\Omega} \times 10\,\mu\mathrm{F} = 0.5\Omega \cdot \mathrm{F} = 0.5\,\mathrm{s}$이다. 교류 전원에서 $\omega = \dfrac{2\pi}{T}$이므로 진동주기는 $10^{-3}\mathrm{s}$가 되며, 이 시간 동안 방전되는 축전기의 전압은 거의 변하지 않는다. 다이오드에 순방향 전압이 걸릴 때와 역방향 전압이 걸릴 때를 각각 구분하여 각각의 출력 전압을 구하면 다음과 같다.

▶ 다이오드에 순방향 전압이 걸릴 때
다이오드의 전위장벽에 의해 $0.6\,\mathrm{V}$의 전압 강하가 일어나 A 지점에는 $V_\mathrm{A} = 4.4\,\mathrm{V}$, B 지점에는 $V_\mathrm{B} = 0\,\mathrm{V}$가 되어 출력전압은 $V_o = 4.4\,\mathrm{V}$가 되며, 이때 최대 출력이 된다.
$V_{\max} = 5\,V - 0.6\,V = 4.4\,V$

▶ 다이오드에 역방향 전압이 걸릴 때
교류전원에 의해 B 지점에는 $5\,\mathrm{V}$의 전압이 걸리며, A 지점에는 축전기에 의해 $V_\mathrm{B} = 4.4\,\mathrm{V}$의 전압이 걸린다. 이로 인해 출력전압은 $V_o = 0.6\,\mathrm{V}$가 되며, 이때 최소 출력이 된다.
$V_{\min} = V_\mathrm{B} - V_\mathrm{A} = 5\mathrm{V} - 4.4\mathrm{V} = 0.6\mathrm{V}$
그러므로 다이오드를 기준으로 순방향 전압일 때를 (+)방향, 역방향 전압일 때를 (−)방향으로 정의하면 출력전압(V_o)의 차이는
$\Delta V_o = V_{\max} - V_{\min} = 4.4\,V - (-0.6\,V) = 5\,V$
가 된다.

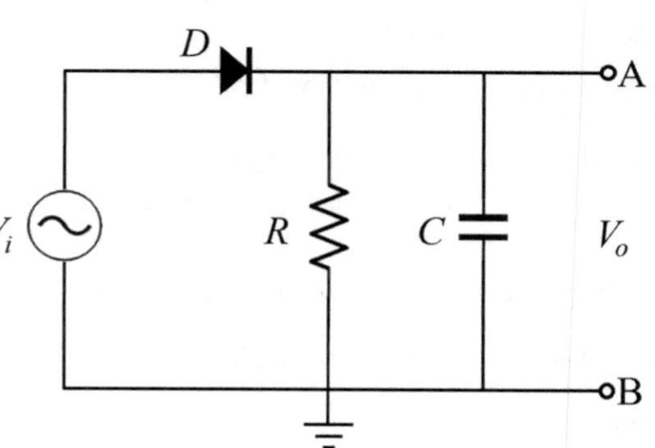

07

그림은 회전하고 있는 중성자별의 모습이다. 중성자별의 일반적인 크기는 반지름이 10 km 이고, 질량이 $3M_*$ 이다. 회전하는 중성자별의 적도 표면에 물체를 놓았을 때, 물체가 표면에서 떨어지지 않고 중성자별과 함께 회전할 수 있는 최대 회전진동수(f_{max})는 대략 얼마인지 구하시오. (단, $M_* = 1.99 \times 10^{30}$ kg 이고, 중력상수는 $G = 6.67 \times 10^{-11}$ N · m^2/kg^2 이다.)

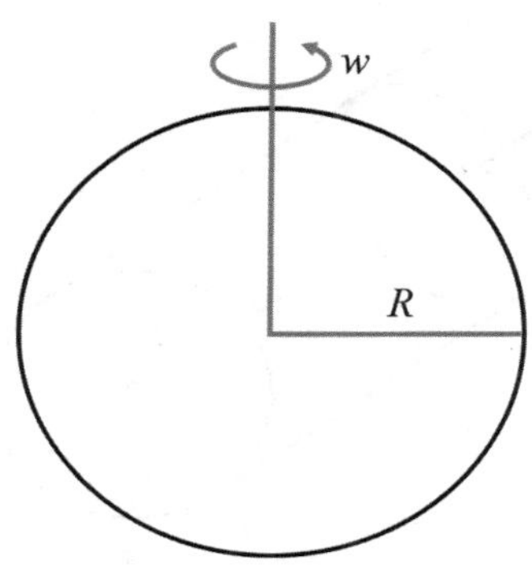

① 3 Hz ② 30 Hz ③ 300 Hz
④ 3000 Hz ⑤ 30000 Hz

출제영역 중력

필수개념 중력, 원심력

| 정답 | ④ 3000 Hz

Key Note

중력과 원심력의 크기가 같음을 이용하여 최대 회전진동수를 구하는 문항이다.

해설

물체가 중성자별과 함께 회전하기 위해서는 $F_{중력} = F_{원심력}$ 조건이 필요하다.

▶ $F_{중력} = G\dfrac{3M_* m}{R^2}$

▶ $F_{원심력} = m\dfrac{v^2}{R} = mR\omega^2 = mR(4\pi^2 f^2)$

그러므로 $G\dfrac{3M_* m}{R^2} = mR(4\pi^2 f^2)$ 에서 $f = \dfrac{1}{2\pi} \times \sqrt{\dfrac{3GM_*}{R^3}} \fallingdotseq 3177$ Hz 이고, 물체의 회전진동수가 대략 3000 Hz 일 때, 표면에서 떨어지지 않고 중성자별과 함께 회전할 수 있게 된다.

08

일정한 온도를 갖는 물체는 전자기파 복사를 통해 열을 방출한다. 이때 열복사의 방출 비율은 $P=\sigma\epsilon AT^4$와 같다. 여기서 σ는 상수, ϵ는 복사율, A는 표면적, T는 표면온도이다. 행성이 태양으로부터 단위 면적당 받는 빛의 세기(S)는 $1800\,\mathrm{W/m^2}$이고, 행성 표면온도(T)는 $300\,\mathrm{K}$이라고 할 때, 상수 σ와 가장 가까운 값을 구하시오. (단, 행성은 흑체로 가정한다.)

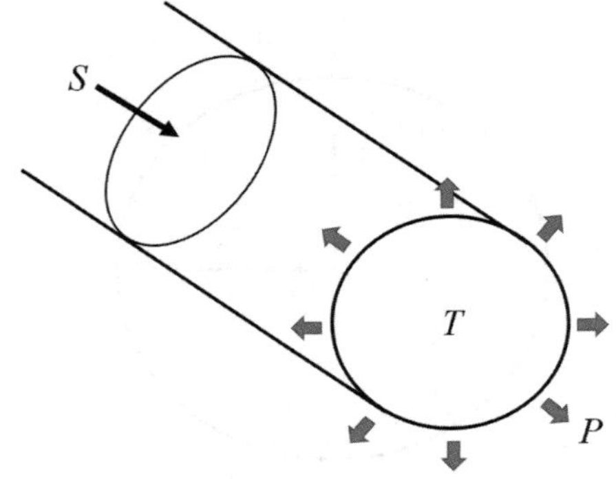

① $3.5\times10^{-8}\,\mathrm{W/K^4\cdot m^2}$ ② $4.0\times10^{-8}\,\mathrm{W/K^4\cdot m^2}$ ③ $4.5\times10^{-8}\,\mathrm{W/K^4\cdot m^2}$
④ $5.0\times10^{-8}\,\mathrm{W/K^4\cdot m^2}$ ⑤ $5.5\times10^{-8}\,\mathrm{W/K^4\cdot m^2}$

출제영역 열전달 과정 | 정답 | ⑤ $5.5\times10^{-8}\,\mathrm{W/K^4\cdot m^2}$

필수개념 열복사

Key Note

행성의 열복사에서 태양으로부터 에너지를 흡수할 때의 단면적(유효 단면적)은 πR^2이 되며, 행성이 열복사 에너지를 방출할 때의 단면적은 $4\pi R^2$이 됨을 구분해야 하는 문항이다.

해설

▶ 행성이 흡수하는 태양 복사 에너지
- 단위 면적당 받는 빛의 세기 : $S=1800\,\mathrm{W/m^2}$
- 행성의 유효 단면적 : πR^2 (R은 행성의 반지름)
- 행성이 흡수하는 태양 복사 에너지 : $E_{흡수}=S\pi R^2$

▶ 행성이 방출하는 열복사 에너지
- 열복사 방출 비율 : $P=\sigma\epsilon AT^4$
- 행성의 표면적 : $A=4\pi R^2$
- 행성이 방출하는 열복사 에너지 : $E_{방출}=4\pi R^2\sigma\epsilon T^4$

행성이 흡수하는 태양 복사 에너지와 방출하는 열복사 에너지가 같으므로 $E_{흡수}=E_{방출}$에서

$S\pi R^2=4\pi R^2\sigma\epsilon T^4$

이다. 상수 σ를 계산하기 위해 위의 관계식을 정리하면 $\sigma=\dfrac{S}{4\epsilon T^4}$이고, 행성은 흑체로 가정하므로 $\epsilon=1$이 되어 문제에서 주어진 물리량을 대입하여 계산하면

$$\sigma=\frac{S}{4\epsilon T^4}=\frac{1800\,\mathrm{W/m^2}}{4\times1\times(300\,\mathrm{K})^4}\fallingdotseq5.5\times10^{-8}\,\mathrm{W/m\cdot K^2}$$

이 된다.

09

고정된 도르래에 질량이 m과 $3m$으로 서로 다른 두 물체를 그림과 같이 연결했을 때, 물체가 움직이는 가속도를 계산하시오. (단, 줄의 질량 및 도르래, 줄의 마찰은 무시하고, 중력 가속도는 $g = 10\text{m/s}^2$이다.)

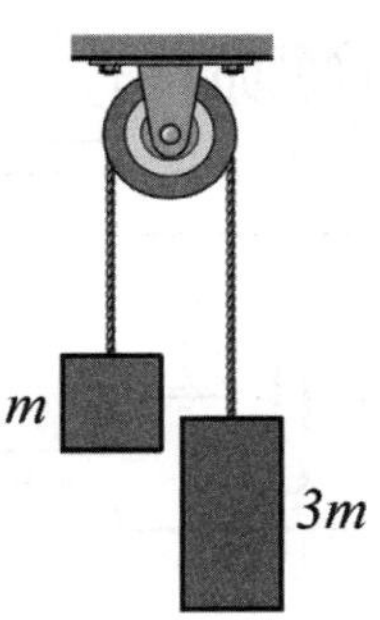

출제영역 힘과 운동 | 정답 | 5m/s^2

필수개념 뉴턴 운동 법칙, 운동 방정식

Key Note

고정 도르래에 줄로 연결된 두 물체에 작용하는 힘들을 찾아내고, 이로부터 운동방정식을 세울 수 있는지를 확인하는 문항이다.

해설

질량이 m과 $3m$인 두 물체의 알짜힘 F_m과 F_{3m}을 각각 구하면 다음과 같다.

$F_m = ma = T - mg$

$F_{3m} = 3ma = 3mg - T$

위의 식을 연립하여 가속도(a)를 구하면 $a = \frac{g}{2} = 5\text{m/s}^2$가 된다.

10

그림은 고음/저음 양용 스피커의 회로이다. 트위터와 우퍼 양쪽에서 같은 크기의 출력이 나오는 교차 주파수와 가장 비슷한 값을 구하시오. (단, $R = 13\,\Omega$, $C = \frac{30}{\pi}\ \mu\mathrm{F}$, $L = \frac{30}{\pi}\ \mathrm{mH}$이다.)

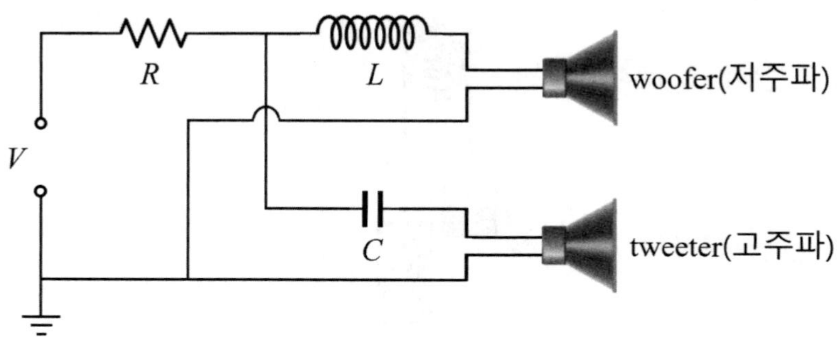

① 200 Hz　② 300 Hz　③ 400 Hz　④ 500 Hz　⑤ 600 Hz

출제영역 전자기적 진동과 교류　　　| 정답 | ④ 500 Hz

필수개념 교차 주파수, 임피던스

Key Note

동일한 전압이 걸리는 고음/저음 양용 스피커의 회로에서 임피던스가 같을 때 같은 크기의 출력이 나오는 특성을 이용하여 교차 주파수를 구하는 문항이다.

해설

교차 주파수는 tweeter(고음용 스피커)와 woofer(저음용 스피커)에 동일한 전압이 걸리는 주파수를 의미한다. 이때 주파수를 기준으로 높은 주파수는 tweeter로, 낮은 주파수는 woofer로 분리되어 출력된다.

▶ tweeter 회로의 임피던스 : $Z_{\text{tweeter}} = \sqrt{R^2 + X_C^2}$ $\left(X_C = \frac{1}{\omega C} = \frac{1}{2\pi f C}\right)$

▶ woofer 회로의 임피던스 : $Z_{\text{woofer}} = \sqrt{R^2 + X_L^2}$ $(X_L = \omega L = 2\pi f L)$

tweeter와 wooofer 회로에 걸리는 전압이 동일하므로 임피던스가 같을 때 동일한 출력이 나오므로

$\sqrt{R^2 + X_L^2} = \sqrt{R^2 + X_C^2}$

의 관계식을 얻을 수 있다. 위의 관계식을 정리하면 $X_L^2 = X_C^2$로 부터 $\omega L = \frac{1}{\omega C}$를 얻을 수 있으며, 이를 정리하면 $\omega = 2\pi f = \frac{1}{\sqrt{LC}}$로부터 $f = \frac{1}{2\pi\sqrt{LC}}$가 되며, 숫자를 대입하여 계산하면 다음과 같다.

$$f = \frac{1}{2\pi\sqrt{LC}} = \frac{1}{2\pi \times \sqrt{\left(\frac{30}{\pi} \times 10^{-6}\mathrm{F}\right) \times \left(\frac{30}{\pi} \times 10^{-3}\mathrm{H}\right)}} \fallingdotseq 527\,\mathrm{Hz}$$

그러므로 최대 출력을 내는 교차 주파수와 가장 비슷한 값은 500 Hz가 된다.

11

그림과 같이 열전도도($k_1 = 2k_2$)와 길이 ($3L_1 = L_2$)가 다른 두 도체로 온도가 $T_H = 350\,\mathrm{K}$, $T_L = 300\,\mathrm{K}$인 서로 다른 두 영역을 연결하였다. 이때, 두 도체가 만나는 지점의 온도와 가장 가까운 값을 구하시오. (단, $A_1 = A_2 = A$이고, 열교환은 두 도체를 통한 열전도만 있다.)

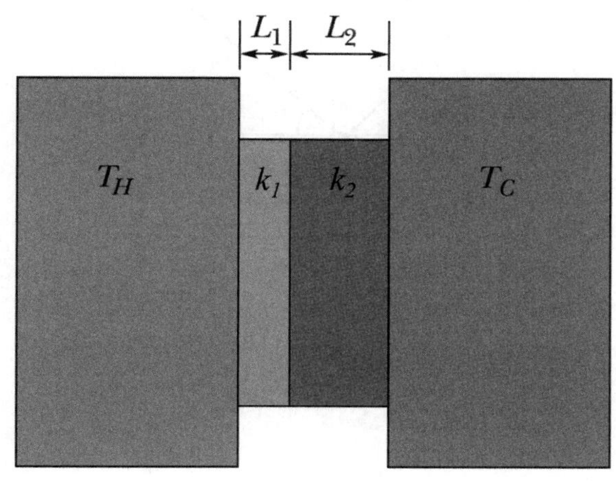

출제영역 열전달 과정

필수개념 열전도율

| 정답 | 두 도체가 만나는 지점의 온도와 가장 가까운 값은 $340\,\mathrm{K}$이다.

Key Note

정상상태에서 두 물체를 통한 열전도율은 같아야 함을 이용하여 두 도체가 만나는 지점에서의 온도를 구하는 문항이다.

해설

그림과 같이 두 도체가 만나는 지점의 온도를 T_X라고 두면 다음의 열전도 관계식을 얻을 수 있다.

$$\frac{k_1 A(T_H - T_X)}{L_1} = \frac{k_2 A(T_X - T_L)}{L_2}$$

$$A\left(\frac{k_1 T_H}{L_1} + \frac{k_1 T_L}{L_2}\right) = \left(\frac{k_1 A}{L_1} + \frac{k_2 A}{L_2}\right) T_X$$

위의 관계식에 숫자를 대입하여 T_X지점의 온도를 구하면

$$T_X = \frac{k_1 L_2 T_H + k_2 L_1 T_L}{k_1 L_2 + k_2 L_1} \approx 340\,\mathrm{K}$$

이 되어 가장 가까운 온도는 $340\,\mathrm{K}$가 된다.

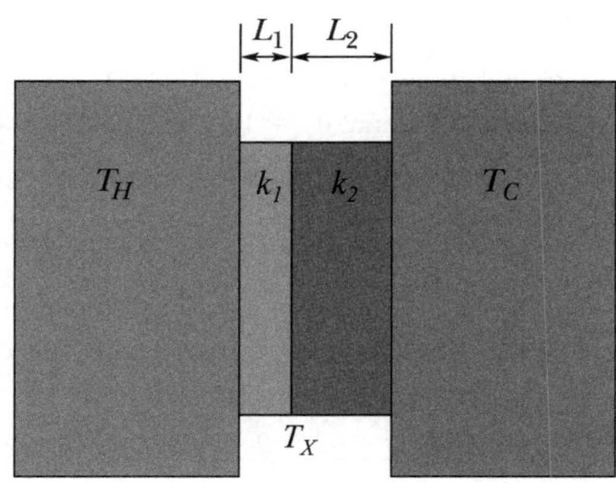

12

그림은 X-선 회절 실험 장비를 보여준다. $\lambda = 0.14\,\mathrm{nm}$인 X-선을 사용해 θ를 0°에서 90°까지 변화시키면서 결정면 사이의 거리가 $d = 0.4\,\mathrm{nm}$인 시료를 측정하면 총 몇 개의 보강간섭 무늬를 볼 수 있는지 계산하시오.

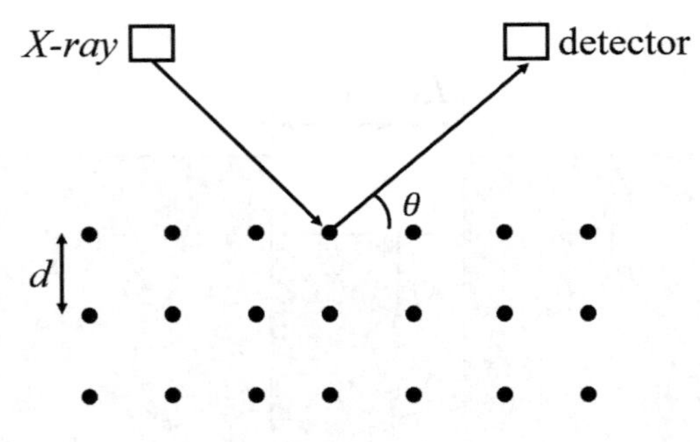

① 2개 ② 3개 ③ 4개
④ 5개 ⑤ 6개

I 정답 I ④ 5개

출제영역 X선 회절

필수개념 Bragg의 법칙

Key Note

Bragg의 법칙을 이용하여 $0^\circ \sim 90^\circ$의 각도로 들어오는 X-선에 의해 나타나는 보강간섭 무늬의 개수를 구하는 문항이다.

해설

Bragg의 법칙 $2d\sin\theta = m\lambda$ $(m = 1, 2, 3, \cdots)$에서 m은 극대의 차수이다. 결정면 사이의 거리 $d = 0.4\,\mathrm{nm}$, X-선의 파장 $\lambda = 0.14\,\mathrm{nm}$ 그리고 $\sin 90^\circ = 1$을 Bragg의 법칙에 대입하여 계산하면

$$m = \frac{2d\sin\theta}{\lambda} = \frac{2\times 0.4\,\mathrm{nm}\times 1}{0.14\ \ \mathrm{nm}} \approx 5.714$$

이다. m은 정수이므로 1~5인 5개의 보강간섭 무늬를 볼 수 있다.

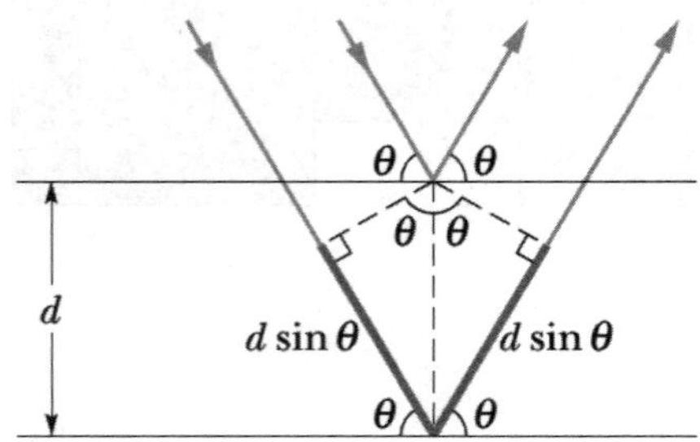

13

압력-부피 그래프에서 화살표는 열기관의 순환 과정을 보여준다. 이 과정에서 기체의 최고온도와 최저온도의 비 $\frac{T_{max}}{T_{min}}$ 를 구하시오. (단, 단원자 이상기체로 가정한다.)

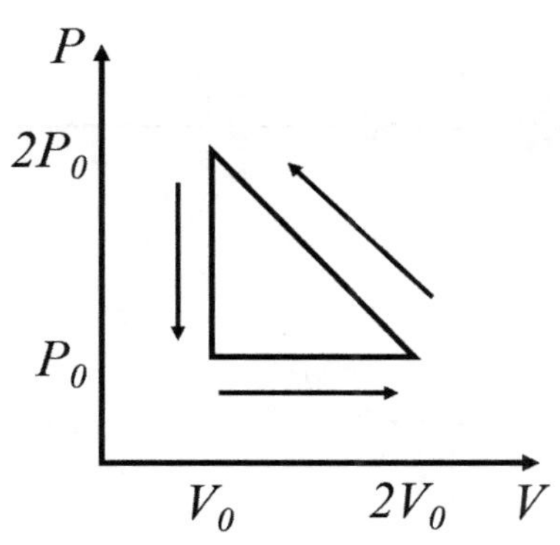

① $\frac{7}{4}$ ② 2 ③ $\frac{9}{4}$

④ $\frac{5}{2}$ ⑤ 3

출제영역 열역학 제1법칙 - 열역학 과정 | 정답 | ② 2

필수개념 보일-샤를법칙, 이상기체 상태방정식

Key Note

압력-부피 그래프에서 보일-샤를법칙 혹은 이상기체 상태방정식을 이용하여 특정 물리량을 구할 수 있는지를 확인하는 문항이다.

해설

압력-부피 그래프에서 각각의 지점의 압력, 부피 그리고 온도는 다음과 같다.

A : $(2P_0,\ V_0,\ T_A)$

B : $(P_0,\ V_0,\ T_B)$

C : $(P_0,\ 2V_0,\ T_C)$

보일-샤를법칙에 의해 $\frac{2P_0V_0}{T_A} = \frac{P_0V_0}{T_B} = \frac{2P_0V_0}{T_C}$ 이다.

이때, $T_A = T_C = 2T_B$ 이므로 $\frac{T_{max}}{T_{min}} = \frac{T_A}{T_B} = \frac{T_C}{T_B} = 2$가 된다.

(참고) 이상기체 상태방정식을 사용하여 $\frac{T_{max}}{T_{min}}$ 를 구하는 과정은 다음과 같다.

$T_A = \frac{2P_0V_0}{nR}$, $T_B = \frac{P_0V_0}{nR}$, $T_C = \frac{2P_0V_0}{nR}$ (n : 몰수, R : 기체상수)

그러므로 $\frac{T_{max}}{T_{min}} = \frac{T_A}{T_B} = \frac{T_C}{T_B} = 2$가 된다.

14

질량 m을 갖는 물체 A가 x축 양의 방향으로 속력 v로 움직인다. 이후, 정지되어 있는 질량 m인 두 물체 B, C와 탄성충돌 한다. 충돌 후 두 물체 B, C는 x축 방향과 45° 를 이루며 동일한 속력으로 운동한다. 이때 충돌 후 물체 A의 속력을 구하시오. (단, 물체의 크기는 무시한다.)

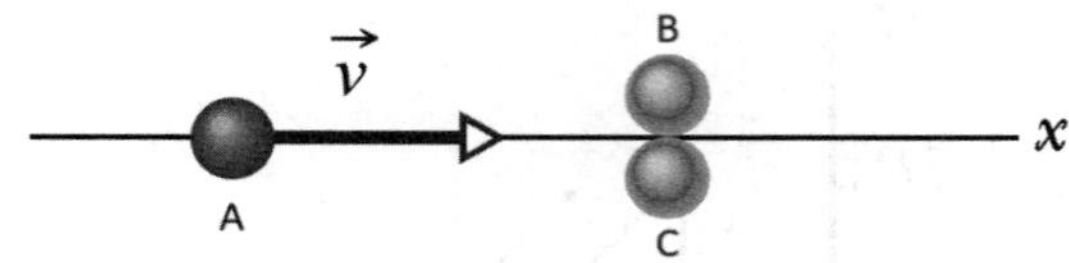

출제영역 운동량 보존, 역학적 에너지 보존

| 정답 | 충돌 후 물체 A의 속력은 $v_A = 0$이다.

필수개념 2차원 충돌, 운동량 보존, 탄성충돌, 역학적 에너지 보존

Key Note

물체의 충돌 전과 후의 운동량은 보존된다. 이때, 탄성충돌인 경우 충돌 전과 후의 운동에너지의 합은 항상 일정하다는 조건을 이용하여 문제를 해결할 수 있는지를 확인하는 문항이다.

해설

충돌 후 A, B, C의 속력을 각각 v_A, v_B 그리고 v_C라고 하면 다음의 운동량 보존과 탄성충돌에 의한 에너지 보존을 적용할 수 있다.

▶ 운동량 보존

- x축 방향 : $mv = mv_A + mv_B \cdot \cos 45^\circ + mv_C \cdot \cos 45^\circ \quad \Rightarrow \quad v = v_A + \frac{\sqrt{2}}{2}v_B + \frac{\sqrt{2}}{2}v_C$
- y축 방향 : $0 = mv_B \cdot \sin 45^\circ - mv_C \cdot \sin 45^\circ \quad \Rightarrow \quad v_B = v_C$
- $v_B = v_C$ 이므로 $v = v_A + \frac{\sqrt{2}}{2}v_B + \frac{\sqrt{2}}{2}v_C = v_A + \sqrt{2}\,v_B$ 이다.

▶ 탄성충돌에 의한 역학적 에너지 보존 : $\frac{1}{2}mv^2 = \frac{1}{2}mv_A^2 + \frac{1}{2}mv_B^2 + \frac{1}{2}mv_C^2$

$v_B = v_C$을 이용하여 위의 식을 정리하면 $v^2 = v_A^2 + 2v_B^2$를 얻을 수 있으며,
$v = v_A + \sqrt{2}\,v_B$를 이용하여 $v^2 - v_A^2 = 2v_B^2 = (v - v_A)^2$의 관계식을 얻을 수 있다.

그러므로 $v^2 - v_A^2 = (v - v_A)(v + v_A) = (v - v_A)^2$를 계산하여 $v_A = 0$를 구할 수 있다.

15

그림과 같이 동심을 갖는 회로에 전류 i가 흐르고 있다. 지점 C에서 자기장의 크기와 방향을 구하시오.
(단, 지면에서 나오는 방향은 ⊙이고, 지면으로 들어가는 방향은 ⊗이다.)

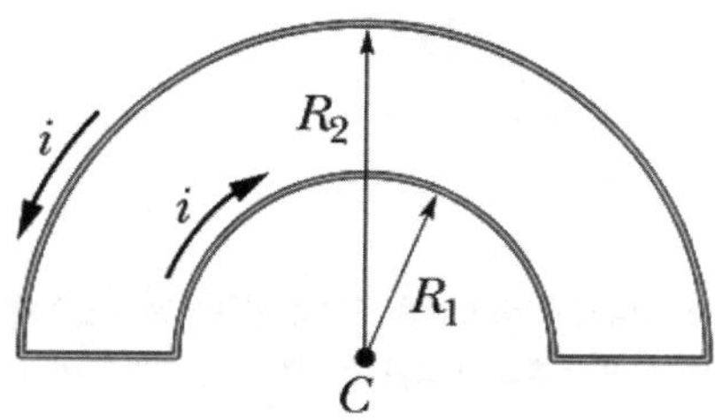

출제영역 전류가 흐르는 도선에 의한 자기작용

| 정답 | $\frac{k'i}{2} \cdot \frac{R_1 - R_2}{R_1 \cdot R_2}$ (⊗)

필수개념 원형도선에 흐르는 전류에 의한 자기장의 세기, 합성 자기장

Key Note

같은 중심을 갖는 원형도선에 전류가 흐르고 있다. 흐르는 전류의 방향과 반지름이 다른 두 원형 도선에 의한 자기장의 세기를 구하는 문제이다.

해설

원형도선에 의한 자기장의 세기는 $B = k'\frac{i}{R}$이고, 반지름이 각각 R_1, R_2인 반원의 원형도선에 $\frac{1}{2}$을 곱하고, ⊙를 (+) 방향으로, ⊗를 (−) 방향으로 놓고 C지점에서의 합성 자기장의 세기를 구하면

$$B_C = \frac{k'i}{R_2} \times \frac{1}{2} - \frac{k'i}{R_1} \times \frac{1}{2} = \frac{k'i}{2} \cdot \frac{R_1 - R_2}{R_1 \cdot R_2} \ (\otimes)$$

이다. 이때, $R_2 > R_1$이므로 C지점에서 합성 자기장의 세기는 (−), 즉 지면으로 들어가는 방향인 ⊗가 된다.

16

앰뷸런스가 $1420\,\mathrm{Hz}$의 소리를 내며 $5\,\mathrm{m/s}$의 속력으로 같은 방향으로 이동하는 자전거를 지나쳤다. 이때 자전거를 타는 사람에게 앰뷸런스가 내는 소리가 $1380\,\mathrm{Hz}$로 들렸다. 앰뷸런스와 자전거가 모두 같은 방향으로 등속직선 운동할 때, 앰뷸런스의 속력을 구하시오. (단, 소리의 속력은 $340\,\mathrm{m/s}$이다.)

출제영역 도플러 효과 | 정답 | $15\,\mathrm{m/s}$

필수개념 음원과 관찰자의 상대적인 운동에 의한 도플러 효과

Key Note

음원인 앰뷸런스(v_s)가 관찰자인 자전거(v_0)를 스쳐지나가고 있다. 이로부터 관찰자는 앰뷸런스를 가까워 지는 방향으로 이동하고 있으며, 앰뷸런스는 관찰자로부터 멀어지는 방향으로 이동하는 상황을 도플러 효과에 의한 수식에 표현할 수 있어야 한다.

해설

앰뷸런스가 자전거를 스쳐 지나고 있는 상황으로부터 자전거는 앰뷸런스에 다가가는 방향이 되며, 앰뷸런스는 자전거로부터 멀어지고 있다. 앰뷸런스의 속력을 v_s, 자전거의 속력을 $v_0 = 5\,\mathrm{m/s}$라고 하면 도플러 효과에 의해 다음의 관계식을 얻을 수 있다.

$$1380\,\mathrm{Hz} = \frac{340\,\mathrm{m/s} + v_0}{340\,\mathrm{m/s} + v_s} \times 1420\,\mathrm{Hz}$$

그러므로 앰뷸런스의 속력은 $v_s = 15\,\mathrm{m/s}$가 된다.

17

입자가 2차원 정사각형 퍼텐셜 우물 안에 갇혀 있다. 입자에 작용하는 퍼텐셜은 다음과 같다.

$$U(x,\ y) = 0\ \ (0 \leq x \leq L,\ 0 \leq y \leq L)$$

$$U(x,\ y) = \infty\ \ (\text{정사각형 밖})$$

입자가 두 번째 들뜬 상태에 있을 때, 영역 $\left(0 \leq x \leq \frac{L}{2},\ 0 \leq y \leq \frac{L}{2}\right)$에 존재할 확률을 구하시오.

출제영역 현대물리 – 양자역학 | 정답 | $\frac{1}{4}$

필수개념 2차원 무한 퍼텐셜 우물에서의 에너지 준위 및 검출 확률

Key Note

2차원 무한 퍼텐셜 우물에서 에너지 준위가 축퇴 되어 있으므로, 여러 개의 다른 양자수 조합을 찾아내어 특정 상태에 있는 입자가 존재할 확률을 구하는 문항이다.

해설

한 변의 길이가 L인 2차원 정사각형 퍼텐셜 우물에 입자가 갇혀 있다. n_x, n_y가 각각 x, y방향의 양자수$(1,\ 2,\ 3,\ \cdots)$이며, 입자의 파동함수와 두 번째로 들뜬 상태는 다음과 같다.

▶ 2차원 무한 퍼텐셜 우물에 갇힌 입자의 파동함수 : $\psi_{n_x, n_y}(x, y) = \frac{2}{L}\sin\left(\frac{n_x\pi}{L}x\right)\sin\left(\frac{n_y\pi}{L}y\right)$

▶ 두 번째 들뜬 상태 : $(n_x,\ n_y) = (2,\ 2)$

▶ 두 번째로 들뜬 파동함수 : $\psi_{2,2}(x, y) = \frac{2}{L}\sin\left(\frac{2\pi x}{L}\right)\sin\left(\frac{2\pi y}{L}\right)$

입자가 특정 위치 $(x,\ y)$에 존재할 확률은 확률밀도 함수는 $P(x,\ y) = |\psi(x,\ y)|^2$ 이며, 두 번째 들뜬 상태의 확률 밀도 함수는 다음과 같다.

$$P_{2,2}(x,y) = \frac{4}{L^2}\sin^2\left(\frac{2\pi x}{L}\right)\sin^2\left(\frac{2\pi y}{L}\right)$$

두 번째로 들뜬 상태 (2, 2)의 파동함수에 대한 존재 확률을 계산하면

$$P = \int_0^{\frac{L}{2}} P_{2,2}(x,y)dxdy = \frac{1}{4}$$

이 되어 주어진 영역 $\left(0 \leq x \leq \frac{L}{2},\ 0 \leq y \leq \frac{L}{2}\right)$에서 두 번째 들뜬 상태의 입자가 존재할 확률은 $\frac{1}{4}$이 된다.

(참고) 적분과정

삼각함수의 배각 공식 $\sin^2\theta = \frac{1-\cos2\theta}{2}$을 이용하여 $\int_0^{\frac{L}{2}}\sin^2\left(\frac{2\pi x}{L}\right)dx$ 및 $\int_0^{\frac{L}{2}}\sin^2\left(\frac{2\pi y}{L}\right)dy$를 각각 적분하면 다음과 같다.

▶ $$\int_0^{\frac{L}{2}}\sin^2\left(\frac{2\pi x}{L}\right)dx = \int_0^{\frac{L}{2}}\frac{1-\cos\left(\frac{4\pi x}{L}\right)}{2}dx = \frac{1}{2}\left[x - \frac{L}{2\pi}\sin\left(\frac{4\pi x}{L}\right)\right]_0^{\frac{L}{2}}$$
$$= \frac{1}{2}\left[\left\{\frac{L}{2} - \frac{L}{2\pi}\sin\left(\frac{4\pi}{L}\times\frac{L}{2}\right)\right\} - \left\{0 - \frac{L}{2\pi}\sin\left(\frac{4\pi}{L}\times 0\right)\right\}\right] = \frac{L}{4}$$

▶ $$\int_0^{\frac{L}{2}}\sin^2\left(\frac{2\pi y}{L}\right)dy = \int_0^{\frac{L}{2}}\frac{1-\cos\left(\frac{4\pi y}{L}\right)}{2}dy = \frac{1}{2}\left[y - \frac{L}{4\pi}\sin\left(\frac{4\pi y}{L}\right)\right]_0^{\frac{L}{2}}$$
$$= \frac{1}{2}\left[\left\{\frac{L}{2} - \frac{L}{4\pi}\sin\left(\frac{4\pi}{L}\times\frac{L}{2}\right)\right\} - \left\{0 - \frac{L}{4\pi}\sin\left(\frac{4\pi}{L}\times 0\right)\right\}\right] = \frac{L}{4}$$

위의 적분 결과를 이용하여 영역 $\left(0 \leq x \leq \frac{L}{2},\ 0 \leq y \leq \frac{L}{2}\right)$에서 두 번째로 들뜬 상태 $(2,2)$의 파동함수가 존재할 확률은 다음과 같다.

$$P = \int_0^{\frac{L}{2}} P_{2,2}(x,y)dxdy$$
$$= \int_0^{\frac{L}{2}}\frac{4}{L^2}\sin^2\left(\frac{2\pi x}{L}\right)\sin^2\left(\frac{2\pi y}{L}\right)dxdy = \frac{4}{L^2}\times\int_0^{\frac{L}{2}}\sin^2\left(\frac{2\pi x}{L}\right)dx\times\int_0^{\frac{L}{2}}\sin^2\left(\frac{2\pi y}{L}\right)dy$$
$$= \frac{4}{L^2}\times\frac{L}{4}\times\frac{L}{4} = \frac{1}{4}$$

18

그림과 같이 저항이 없는 ㄷ자형 레일이 수평면에 놓여있고, 균일한 자기장($B = 0.2\,\mathrm{T}$)이 수직으로 관통하고 있다. 왼쪽 아래 모서리에서 저항이 있는 도선이 비스듬하게 각도 θ를 유지하며 레일 위를 일정한 속도($v = 0.1\,\mathrm{m/s}$)로 움직인다. 이때 도선에 흐르는 전류의 크기를 구하시오. (단, 움직이는 도선은 단위 길이당 저항 $5\ \Omega/\mathrm{m}$를 갖고, 도선과 레일 사이의 접촉저항은 없다.)

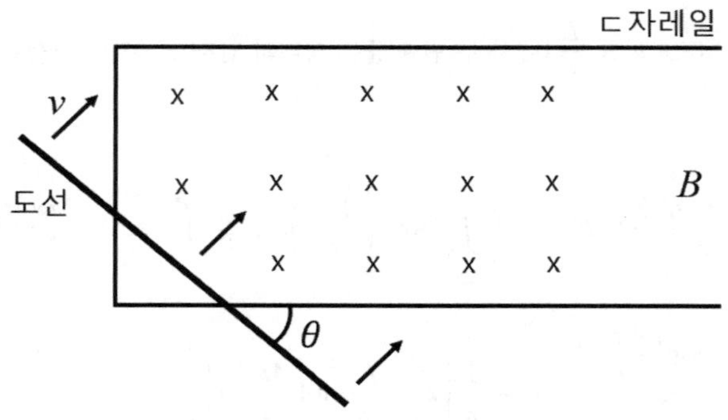

출제영역 전자기 유도 | 정답 | $4\times10^{-3}\,\mathrm{A}$

필수개념 패러데이 법칙, 옴의 법칙

Key Note

패러데이 법칙을 이용하여 유도 기전력을 구한 다음, 옴의 법칙을 이용하여 도선에 흐르는 전류를 구하는 문항이다. 이 과정에서 자기장이 일정한 ㄷ자 레일 위를 움직이는 도선과 이루는 면적이 증가하면서 자기장 선속이 증가하여 유도 기전력이 형성되고 있으며, 동시에 ㄷ자 레일위의 도선의 길이가 증가함에 따른 저항이 변하는 부분을 고려해야만 된다.

해설

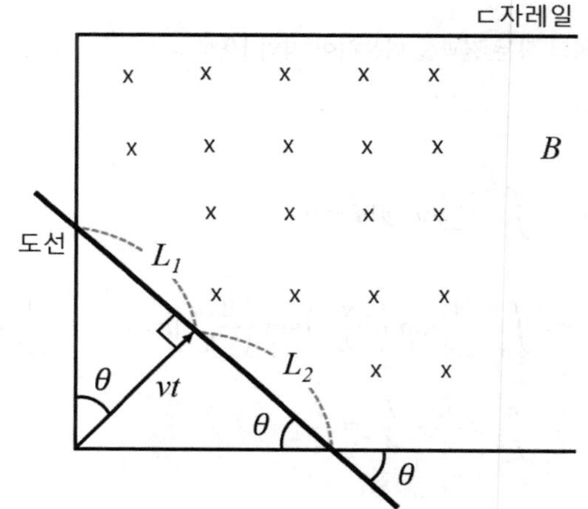

레일 위를 지나는 도선의 길이는 그림에서와 같이 $L = L_1 + L_2$이다.

이때,

$$L_1 = vt\cdot\tan\theta$$

$$L_2 = \frac{vt}{\tan\theta}$$

$$L = L_1 + L_2 = \left(\tan\theta + \frac{1}{\tan\theta}\right)\cdot vt = \alpha vt$$

$$\alpha = \tan\theta + \frac{1}{\tan\theta}$$

이다. 도선과 ㄷ자 레일이 만드는 면적 A는

$$A = \frac{1}{2}\times(vt)\times L = \frac{1}{2}\alpha v^2t^2$$

가 되어 유도 기전력 V를 구하면 다음과 같다.

$$V = -\frac{d\Phi}{dt} = -\frac{BdA}{dt} = -\alpha Bv^2t$$

도선이 움직임에 따라 길이가 증가하고 있으므로, $R = (5\Omega/\ \mathrm{m})\times(\alpha vt) = 5\alpha vt$이므로 도선에 흐르는 전류의 세기는 $I = \dfrac{V}{R} = \dfrac{\alpha Bv^2t}{5\alpha vt} = \dfrac{Bv}{5} = 4\times10^{-3}\mathrm{A}$가 된다.

19

그림과 같이 폭(w)이 $0.1\,\mathrm{m}$인 두 유리판 사이에 두께(d)가 $0.01\,\mathrm{mm}$인 매우 얇은 종이가 끼어 틈이 생겼다. 이때 그림과 같이 입사된 빛이 두 개의 유리판에서 반사되어 간섭무늬를 만들었다. 간섭무늬 간격이 $2\,\mathrm{mm}$가 되도록 하는 빛의 파장을 구하시오.

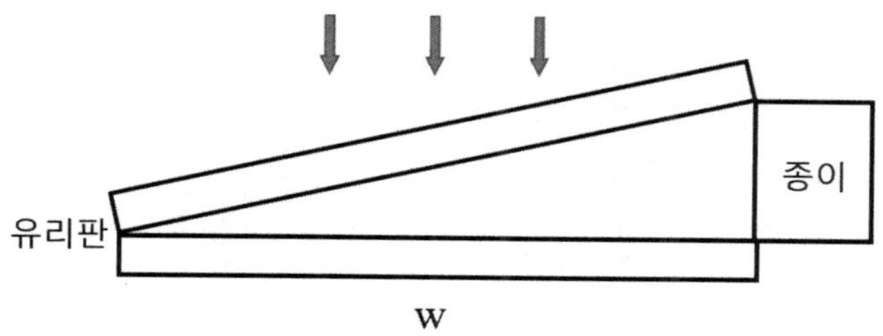

출제영역 간섭

| 정답 | $400\,\mathrm{nm}$

필수개념 경로차이에 의한 간섭조건, 고정단반사 및 자유단 반사

Key Note

첫 번째 유리판(고정단 반사)에서 반사된 빛과 두 번째 유리판(자유단 반사)에서 반사된 빛은 서로 반대 위상으로 만나 간섭을 하게 된다. 이때 경로 차이에 의한 간섭조건을 이용하여 빛의 파장을 구하는 문항이다.

해설

그림과 같이 폭(w)이 $0.1\,\mathrm{m}$인 두 유리판 사이에 두께(d)가 $0.01\,\mathrm{mm}$인 종이에 의해 틈이 생겼다.

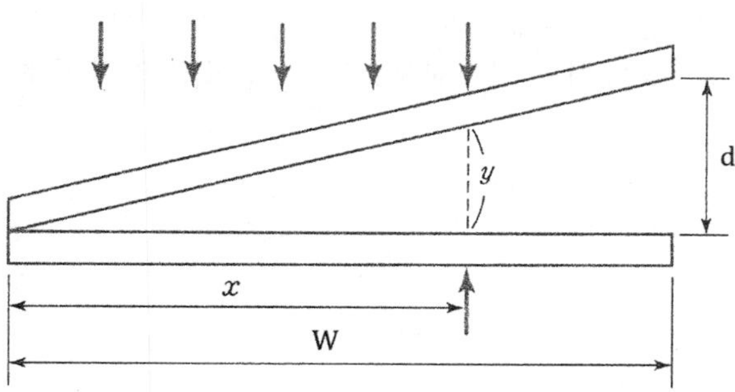

이로부터 $\frac{y}{x} = \frac{d}{\mathrm{w}}$의 관계식을 얻을 수 있으며, 첫 번째 유리판(고정단 반사)과 두 번째 유리판(자유단 반사)에 의해 만들어지는 경로 차이에 의한 보강간섭 조건은 다음과 같다.

$2y_m = \frac{\lambda}{2}(2m+1)$

$2y_{m+1} = \frac{\lambda}{2}\{2(m+1)+1\}$

$\Delta y = y_{m+1} - y_m = \frac{\lambda}{4}(2m+3) - \frac{\lambda}{4}(2m+1) = \frac{\lambda}{4}\times 2 = \frac{\lambda}{2}$

$\frac{y}{x} = \frac{d}{\mathrm{w}}$로부터 $\Delta x = \frac{\mathrm{w}}{d}\cdot\Delta y = \frac{\mathrm{w}}{d}\times\frac{\lambda}{2}$의 관계를 얻을 수 있다. 간섭무늬 간격이 $\Delta x = 2\,\mathrm{mm}$일 때, 간섭을 일으키는 빛의 파장은

$\lambda = \frac{2d}{\mathrm{w}}\cdot\Delta x = \frac{2\times 0.01\,\mathrm{mm}}{0.1\,\mathrm{m}}\times 2\,\mathrm{mm} = 0.4\times 10^{-6}\,\mathrm{m} = 400\,\mathrm{nm}$

이다.

2020년 고려대학교 총평

역학, 열역학, 전자기학 역학, 전자기학, 현대물리에서 골고루 출제가 되었다. 다만 문항 개수의 한계상 파동 파트는 출제되지 않았다. 고대에서는 첫 해를 빼고는 계속 파동 파트를 출제하지 않고 있다.

질점역학과 강체역학 둘 다 고 난이도 문제이다. 그리고 양자 역학 문제는 전공 수준의 문제이다.

고대 물리 시험을 준비하려면 파동 단원을 제외한 전 역역을 골고루 공부해야 하고, 기출 문제를 모조리 풀어 본 후, 수준 높은 문제들을 많이 접해 봐야 한다.

고려대학교 편입
기출 문제 및 해설

01

(a) 그림 1-(가)와 같이 질량 m인 나무토막이 질량 M인 쐐기의 면에 마찰없이 미끄러지고 있다. 쐐기와 바닥면도 마찰이 없다고 가정한다. 이때, 질량 M의 쐐기의 가속도 a를 구하시오. (단, 쐐기의 경사각은 α 이다.)

(b) 그림 1-(나)와 같이 질량이 m이고 반지름이 r인 구형의 공이 높이 h에서 정지 상태에서 출발하여 미끄러짐 없이 선로 위를 구른다고 하자. 반지름 R인 원형 궤도 꼭대기에서 공이 선로를 벗어나지 않기 위해서 h는 얼마 이상이어야 하는지 구하시오. (단, 공의 중심에 대한 관성 모멘트는 $I = \frac{2}{5}mr^2$ 이고, $r \ll R$ 이라 가정한다.)

(가)

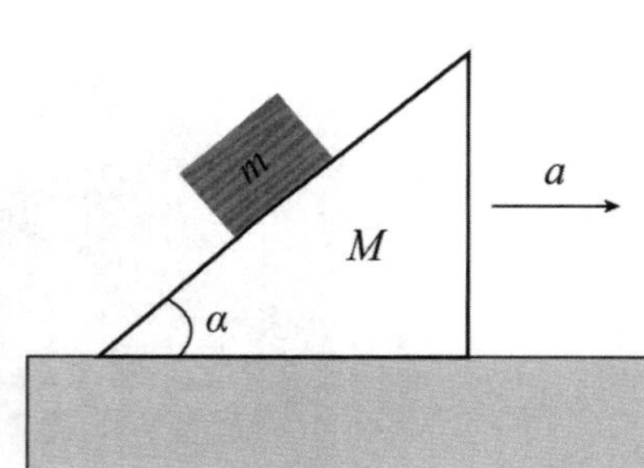

(나)

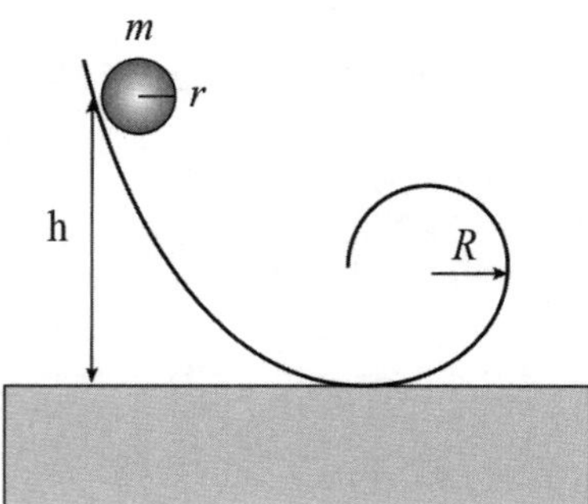

출제영역 질점역학 - 뉴턴 법칙과 원운동, 강체역학

Ｉ 정답 Ｉ (a) $a = \dfrac{mg\sin\alpha\cos\alpha}{M + m\sin^2\alpha}$ (b) $h = \dfrac{27}{10}R$

필수개념 수직항력, 운동 방정식, 중력 퍼텐셜 에너지, 관성 모멘트, 회전 운동 에너지, 역학적 에너지 보존 법칙

Key Note

그림 (가)에서 자유물체도를 그리되, 나무토막은 내부 관찰자 관점에서 그리는 것이 유리하다. 그리고 나무토막과 쐐기에 대해 각각 운동방정식을 세운 후 연립하면 된다. 그림 (나)는 유명한 롤러코스터 문제이다. 레일의 최고점에서 원운동 방정식을 세우고, 출발점과 최고점 사이에 역학적 에너지 보존 법칙을 적용해서 연립해야 한다. 다만, 쇠구슬의 크기를 무시할 수 없기 때문에, 관성모멘트를 고려해서 식을 세운 후, 마지막으로 근사를 한다.

해설

(a)

i) M의 수직항력을 벡터 분해하여 수평방향 운동방정식을 세우면 $N\sin\alpha = Ma$ …①

ii) 내부 관찰자 관점에서 m은 수평방향으로 관성력 ma 는 받고, 법선방향으로 힘의 평형이다.

$N + ma\sin\alpha = mg\cos\alpha$ …②

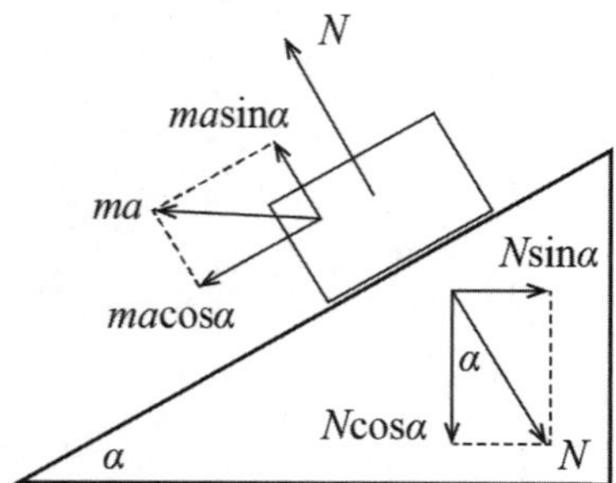

iii) ①→② : $\dfrac{Ma}{\sin\alpha} + ma\sin\alpha = mg\cos\alpha$

$\Rightarrow \dfrac{Ma + ma\sin^2\alpha}{\sin\alpha} = mg\cos\alpha$

$\Rightarrow a = \dfrac{mg\sin\alpha\cos\alpha}{M + m\sin^2\alpha}$

(b)

i) 출발점과 최고점 사이에 역학적 에너지 보존 법칙을 적용하면

$$mgh = mg(2R-r) + \frac{1}{2}mv_{cm}^2 + \frac{1}{2}I_{cm}w^2 \leftarrow v_{cm} = rw$$

$$= mg(2R-r) + \frac{1}{2}(m + \frac{I_{cm}}{r^2})v_{cm}^2$$

$$= mg(2R-r) + \frac{7}{5}\frac{1}{2}mv_{cm}^2 \quad \cdots①$$

ii) 최고점에서 원운동방정식을 세우면 $N + mg = m\frac{v_{cm}^2}{R-r}$ 이고, 최소 회전 조건이므로 $mg = m\frac{v_{cm}^2}{R-r}$ $\cdots②$

iii) ②→① : $mgh = mg(2R-r) + \frac{7}{5}\frac{1}{2}mg(R-r)$

$$\simeq mg2R + \frac{7}{5}\frac{1}{2}mgR$$

$$= \frac{27}{10}mgR \Rightarrow h = \frac{27}{10}R$$

02

아래 그림 2-(가)는 길이가 L이고, 반지름이 각각 a와 b인 두 개의 동축 원통으로 구성된 원통형 축전기의 단면이다. $L \gg b$ 이고 두 극판에 +q, −q의 전하가 분포한다. 두 극판 사이는 공기일 때, 다음 (a)-(c)의 질문에 답하시오.

(a) Gauss 법칙을 이용하여 중심에서 거리 r만큼 떨어진 지점에서 전기장의 크기를 구하시오.

(b) 두 극판 사이의 전위차를 구하시오.

(c) 축전기의 전기용량을 구하시오. 전기적 위치 에너지는 어디에 저장되는지 적어보시오.

아래 그림 2-(나)는 전류 i 가 흐르는 이상적인 솔레노이드를 나타낸다. 솔레노이드의 단면적은 A이고, 단위길이당 감은 횟수는 n이다. 다음 (d)-(e)의 질문에 답하시오.

(d) Ampere의 법칙을 이용하여 솔레노이드의 내부 자기장의 크기를 구하시오.

(e) 솔레노이드의 단위길이당 자체 유도계수를 구해 보시오. 자기적 위치 에너지는 어디에 저장되는지 적으시오.

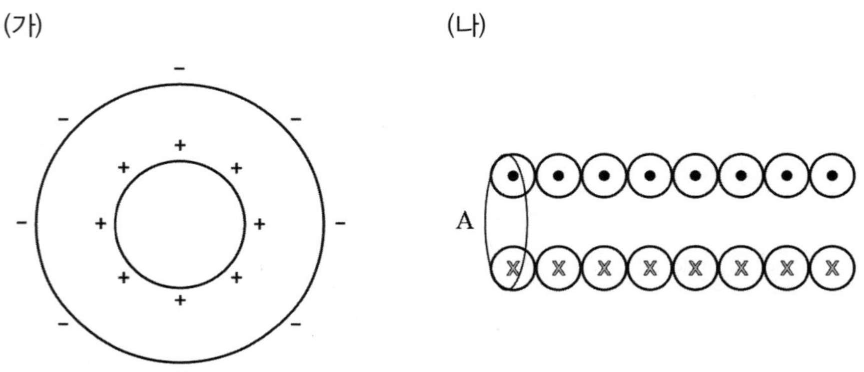

| 정답 | (a) $E=\frac{q}{2\pi\epsilon_0 rL}$ (b) $\Delta V=\frac{q}{2\pi\epsilon_0 L}\ln\frac{b}{a}$ (c) $C=\frac{2\pi\epsilon_0 L}{\ln\frac{b}{a}}$ (d) $B=\mu_0 ni$ (e) $\frac{L}{l}=\mu_0 n^2 A$

출제영역 전자기학 - 정전기학과 정자기학

필수개념 가우스 법칙, 전위차, 전기용량 공식, 암페어 법칙, 자체유도계수

Key Note

(가)는 여러 가지 축전기 파트에서 배우는 원통형 축전기의 전기용량을 구하는 문제이다. 가우스 법칙을 이용하여 내부 전기장을 구하고, 이를 이용하여 내부에서 전위차를 구하면 전기용량을 얻을 수 있다. (나)는 여러 가지 인덕터 파트에서 배우는 솔레노이드의 자체유도계수를 구하는 문제이다. 암페어 법칙을 이용하여 내부 자기장을 구하고, $N\Phi_B = Li$에 적용하면 답을 구할 수 있다. 사실 굉장히 유명한 주제라서 충분히 공부가 된 상태에서 시험장에 들어가야 한다.

해설

(a) 가우스 법칙 $E\cdot 2\pi rL=\frac{q}{\epsilon_0}$에서 $E=\frac{q}{2\pi\epsilon_0 rL}$

(b) $\Delta V=-\int_b^a \frac{q}{2\pi\epsilon_0 rL}dr=\frac{q}{2\pi\epsilon_0 L}\ln\frac{b}{a}$

(c) $C=\frac{q}{\Delta V}=\frac{2\pi\epsilon_0 L}{\ln\frac{b}{a}}$

한편 전기 에너지 밀도 $u_E=\frac{1}{2}\epsilon_0 E^2$에 의하면 에너지는 전기장에 저장된다.

(d) 암페어 법칙 $Bl=\mu_0(nli)$에서 $B=\mu_0 ni$

(e)
step1. 자기장 구하기 $B=\mu_0 ni$
step2. 자속 구하기 $\Phi_B=BA=\mu_0 niA$
step3. 유도용량 구하기 $N\Phi_B=Li$에서 $(nl)(\mu_0 niA)=Li$이므로 $\frac{L}{l}=\mu_0 n^2 A$

한편 자기 에너지 밀도 $u_B=\frac{1}{2\mu_0}B^2$에 의하면 에너지는 자기장에 저장된다.

03

그림 3은 n mol의 단분자 이상기체로 구성된 carnot 열기관의 열역학적 순환과정을 보여준다. 1→2는 온도가 T_H로 일정한 등온과정이며, 3→4는 온도가 T_L로 일정한 등온과정이다. 2→3 과정과 4→1 과정은 단열과정이다. $T_H > T_L$이고, 모든 과정은 가역과정이다. (단, 기체상수는 R이다.)

(a) 1→2, 2→3, 3→4 및 4→1의 각 과정에서 열기관이 외부에 한 일을 구하시오.
(b) 외부에서 열기관에 공급한 열량을 구하시오.
(c) 위 (a)와 (b)의 결과를 이용하여 열기관의 열효율을 구하시오. 또한 이 값을 T_H와 T_L로 나타내시오.

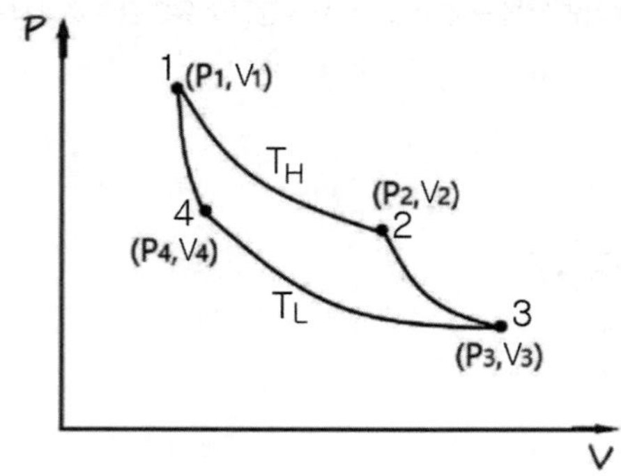

출제영역 열 - 열역학

| 정답 | (a) 해설 참고 (b) $Q_{흡} = nRT_H \ln\frac{V_2}{V_1}$ (c) $e = \frac{T_H - T_L}{T_H}$

필수개념 이상 기체가 한 일, 열량, 열효율

Key Note

유명한 카르노 기관의 열효율 문제이다. 우선 각 과정에서 기체가 한 일($W_{12} = \int P dV$)을 구해야 한다. 그 후 열효율 공식($e = \frac{W_{net}}{Q_{흡}}$)에 대입한다.

해설

(a) $W_{12} = \int P dV = \int \frac{nRT}{V} dV = nRT_H \ln\frac{V_2}{V_1} > 0$

$W_{23} = -\Delta U = -\frac{3}{2}nR(T_L - T_H) = \frac{3}{2}nR(T_H - T_L) > 0$

$W_{34} = \int P dV = \int \frac{nRT}{V} dV = nRT_H \ln\frac{V_4}{V_3} < 0$

$W_{41} = -\Delta U = -\frac{3}{2}nR(T_H - T_L) < 0$

(b) $Q_{흡} = Q_{12} = W_{12} = nRT_H \ln\frac{V_2}{V_1}$

(c) $e = \frac{W_{net}}{Q_{흡}} = \frac{nRT_H \ln\frac{V_2}{V_1} + nRT_L \ln\frac{V_4}{V_3}}{nRT_H \ln\frac{V_2}{V_1}} = \frac{T_H \ln\frac{V_2}{V_1} + T_L \ln\frac{V_4}{V_3}}{T_H \ln\frac{V_2}{V_1}}$

$= \frac{T_H - T_L}{T_H} \quad \because \frac{V_2}{V_1} = \frac{V_4}{V_3}$

04

그림 4-(가)와 같이 $0 < x < L$ 에서 위치에너지가 $V(x) = 0$ 이고, $x \le 0$ 와 $x \ge L$ 에서는 $V(x) = \infty$ 인 일차원 무한 우물에 질량이 m 인 입자가 있다. 슈뢰딩거 방정식은 $E\psi = -\frac{\hbar^2}{2m}\frac{d^2\psi}{dx^2} + V\psi$ 이다.

($\hbar = \frac{h}{2\pi}$)이고, h 는 플랑크 상수이다.

(a) 세 번째 들뜬 상태의 고유 에너지 E_4 와 파동함수 $\psi(x)$ 를 구하시오.

(b) 입자의 에너지가 (a)의 E_4 일 때, 그림 4-(나)와 같이 $x \ge L$ 에서의 위치에너지가 $V_0 = 2E_4$ 로 낮아지는 경우를 고려하자. 이때 입자의 침투 깊이 δ 를 계산하시오. (단, 침투 깊이는 $L+\delta$ $(\delta > 0)$ 에서 전자를 발견할 확률이 L 에서 발견할 확률의 e^{-1} 인 δ 로 정의한다.)

(c) 그림 4-(다)와 같이 $x \ge L$ 에서 위치에너지 크기가 낮아져 $V_1 = \frac{E_4}{2}$ 가 되었다고 하자. $x \ge L$ 에서의 파동함수의 파장은 $0 < x < L$ 에서 파장의 몇 배인지 구해 보시오.

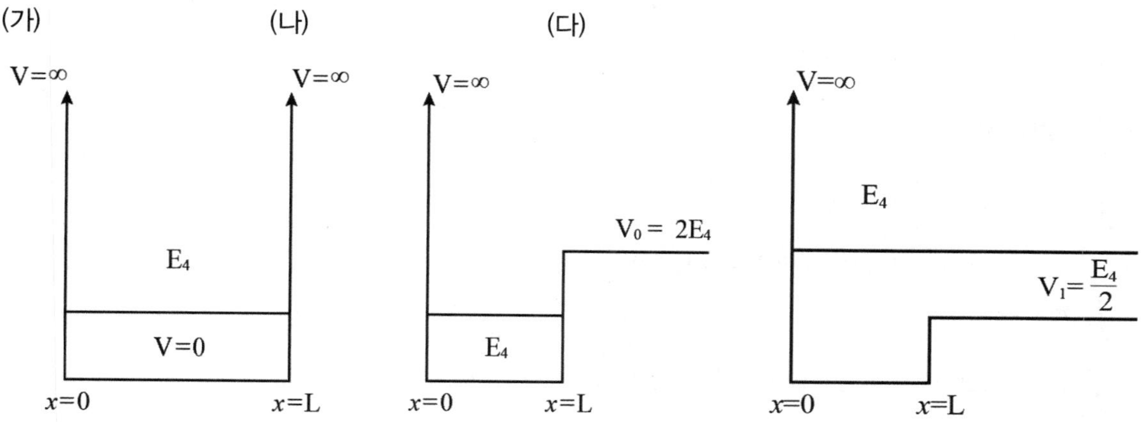

출제영역 현대물리 - 양자역학 | 정답 | (a) $\psi_4(x) = \sqrt{\frac{2}{L}}\sin\frac{4\pi}{L}x$, $E_4 = \frac{16\pi^2\hbar^2}{2mL^2}$ (b) $\delta = \frac{\hbar^2}{8mE_4}$ (c) $\sqrt{2}$

필수개념 슈레딩거 방정식, 파동함수, 규격화, 고유 에너지

Key Note

유명한 무한 퍼텐셜 에너지 문제인데, 살짝 변형해서 출제해서 고 난이도 문제가 되었다.

슈뢰딩거 방정식($-\frac{\hbar^2}{2m}\frac{d^2\psi(x)}{dx^2} + V(x)\psi(x) = E\psi(x)$)을 풀어서 해를 구한다. 이후 경계조건 등을 이용해서 답을 구한다.

해설

(a)

i) 시도해 구하기

$$-\frac{\hbar^2}{2m}\frac{d^2\psi(x)}{dx^2} + V(x)\psi(x) = E\psi(x)$$

$$\Rightarrow \frac{d^2\psi(x)}{dx^2} + \frac{2mE}{\hbar^2}\psi(x) = 0$$

$\Rightarrow \dfrac{d^2\psi(x)}{dx^2}+k^2\psi(x) = 0$ 단 $k^2 \equiv \dfrac{2mE}{\hbar^2}$ …①

$\Rightarrow$ 보조방정식 $D^2+k^2=0$에서 $D=\pm ik$

$\Rightarrow$ 시도해 : $\psi(x) = Ae^{ikx} + Be^{-ikx}$

or $\psi(x) = C\sin kx + D\cos kx$ …②

보통 속박상태의 파동함수 형태는 삼각함수의 형태로 쓰고, 산란상태의 파동함수 형태는 exponential의 형태로 쓴다.

ii) 경계조건 대입

②식에 경계조건 $\psi(0)=0$을 대입하면 $\psi(0) = 0 + D\cos 0 = 0$에서 $D=0$이어야 한다. 그러므로 파동함수는 $\psi(x) = C\sin kx$ 이다. 여기서 k 나 C 는 0이 아니다(파동함수가 존재해야 하니까)!

한편, ②식에 경계조건 $\psi(L)=0$을 대입하면 $\psi(L) = C\sin kL = 0$에서

$$\boxed{kL = n\pi} \quad \cdots ③$$

단 $n = 1, 2, 3, \ldots$ 이어야 한다.

여기서 $n \neq 0$이다. 왜냐하면 $n=0$이면 $k=0$이고 $\psi=0$이 되기 때문이다.

그리고 $n = -1, -2, -3, \ldots$ 등은 $n = 1, 2, 3, \ldots$와 비교해서 전혀 새로운 정보를 주지 않으므로 고려하지 않는다.

$\therefore \psi(x) = C\sin\dfrac{n\pi}{L}x$, $k^2 \equiv \dfrac{2mE}{\hbar^2}$에서 $E=\dfrac{n^2\pi^2\hbar^2}{2mL^2}$이다.

iii) 규격화 조건 $\int_{-\infty}^{\infty}|\Psi(x)|^2dx = 1$을 이용

$$1=\int_{-\infty}^{\infty}|\Psi(x)|^2dx$$

$$=\int_{-\infty}^{0}|\Psi(x)|^2dx+\int_{0}^{L}|\Psi(x)|^2dx+\int_{L}^{\infty}|\Psi(x)|^2dx$$

$\leftarrow x<0,\ x>L$ 에서 $\Psi(x)=0$

$$=\int_{0}^{L}|\Psi(x)|^2dx$$

$$=\int_{0}^{L}|C|^2\sin^2\frac{n\pi}{L}x\,dx \qquad \leftarrow \sin^2\theta = \frac{1-\cos 2\theta}{2}$$

$$=|C|^2\int_{0}^{L}\frac{1-\cos\frac{2n\pi}{L}x}{2}dx = \frac{|C|^2}{2}\left[x-\frac{L}{2n\pi}\sin\frac{2n\pi}{L}x\right]_0^L = \frac{|C|^2}{2}\cdot L$$

$\Rightarrow C = \pm\sqrt{\dfrac{2}{L}}$ 단 진폭은 양수이므로 양의 값을 선택한다.

$\therefore \psi(x) = \sqrt{\dfrac{2}{L}}\sin\dfrac{n\pi}{L}x$, $E=\dfrac{n^2\pi^2\hbar^2}{2mL^2}$ $\quad\therefore \psi_4(x) = \sqrt{\dfrac{2}{L}}\sin\dfrac{4\pi}{L}x$, $E_4=\dfrac{16\pi^2\hbar^2}{2mL^2}$

(b)

I) $0<x<L$

$$-\frac{\hbar^2}{2m}\frac{d^2\psi(x)}{dx^2}+V(x)\psi(x) = E\psi(x)$$

$\Rightarrow \dfrac{d^2\psi(x)}{dx^2}+\dfrac{2mE}{\hbar^2}\psi(x) = 0 \leftarrow k^2 \equiv \dfrac{2mE}{\hbar^2}$

$\Rightarrow \dfrac{d^2\psi(x)}{dx^2}+k^2\psi(x) = 0$

$\Rightarrow \psi(x) = A\sin kx + B\cos kx$

$\Rightarrow$ 경계조건 : $\psi(0) = 0 + B\cdot 1 = 0$

$\Rightarrow \psi(x) = A\sin kx$

ii) $x \geq L$

$$-\frac{\hbar^2}{2m}\frac{d^2\psi(x)}{dx^2}+V(x)\psi(x) = E\psi(x)$$

$$\Rightarrow \frac{d^2\psi(x)}{dx^2}+\frac{2m(E-V)}{\hbar^2}\psi(x) = 0 \leftarrow \varkappa^2 \equiv -\frac{2m(E-V)}{\hbar^2}$$

$$\Rightarrow \frac{d^2\psi(x)}{dx^2}-\varkappa^2\psi(x) = 0$$

$$\Rightarrow \psi(x) = Fe^{-\varkappa x}+Ge^{\varkappa x}$$

$\Rightarrow$ 경계조건 : 무한대에서 발산하지 않으려면 $G=0$

$$\Rightarrow \psi(x) = Fe^{-\varkappa x}$$

iii) $x=L$ 에서 발견될 확률 : $|\psi(L)|^2 = |D|^2 e^{-2\varkappa L}$

$x=L+\delta$ 에서 발견될 확률 : $|\psi(L+\delta)|^2 = |D|^2 e^{-2\varkappa(L+\delta)}$

$= |D|^2 e^{-2\varkappa L}e^{-2\varkappa\delta}$

$\Rightarrow |\psi(L+\delta)|^2 = |\psi(L)|^2 e^{-1}$ 이려면 $\delta = \frac{1}{2\varkappa}$ 또는 $\varkappa^2 = -\frac{2m(E_4-2E_4)}{\hbar^2} = \frac{2mE_4}{\hbar^2}$ 을 대입하면

$$\delta = \frac{1}{2}\sqrt{\frac{\hbar^2}{2mE_4}} = \frac{1}{2}\sqrt{\frac{\hbar^2}{2m}\frac{2mL^2}{16\pi^2\hbar^2}} = \frac{L}{8\pi}$$

(c)

I) $0 < x < L$

$$-\frac{\hbar^2}{2m}\frac{d^2\psi(x)}{dx^2}+V(x)\psi(x) = E\psi(x)$$

$$\Rightarrow \frac{d^2\psi(x)}{dx^2}+\frac{2mE}{\hbar^2}\psi(x) = 0 \leftarrow k^2 \equiv \frac{2mE}{\hbar^2}$$

$$\Rightarrow \frac{d^2\psi(x)}{dx^2}+k^2\psi(x) = 0$$

$$\Rightarrow \psi(x) = A\sin kx + B\cos kx$$

$\Rightarrow$ 경계조건 : $\psi(0) = 0 + B\cdot 1 = 0$

$$\Rightarrow \psi(x) = A\sin kx$$

ii) $x \geq L$

$$-\frac{\hbar^2}{2m}\frac{d^2\psi(x)}{dx^2}+V(x)\psi(x) = E\psi(x)$$

$$\Rightarrow \frac{d^2\psi(x)}{dx^2}+\frac{2m(E-V)}{\hbar^2}\psi(x) = 0 \leftarrow l^2 \equiv \frac{2m(E-V)}{\hbar^2}$$

$$\Rightarrow \frac{d^2\psi(x)}{dx^2}+l^2\psi(x) = 0$$

$$\Rightarrow \psi(x) = Fe^{ilx}+Ge^{-ilx}$$

$\Rightarrow x \geq L$ 에서 왼쪽(−x)으로 운동하는 입자는 없기 때문에 $G=0$

$$\Rightarrow \psi(x) = Fe^{ilx}$$

iii) $\lambda_1 = \frac{2\pi}{k}$, $\lambda_2 = \frac{2\pi}{l}$ 이므로 $\frac{\lambda_2}{\lambda_1} = \frac{k}{l} = \sqrt{\frac{E}{E-V}} = \sqrt{2}$

2021년 고려대학교 총평

20년 영역과 같이 출제되었다. 이번에도 파동파트는 출제되지 않았다.
역학과 열역학은 아주 평이하게 출제되었고, 전자기학과 현대물리는 유형한 문제가 출제되었다.
고대 물리 시험을 준비하려면 파동 단원을 제외한 전 영역을 골고루 공부해야 하고, 기출 문제를 모조리 풀어봐야 한다.

고려대학교 편입
기출 문제 및 해설

01

그림과 같이 애트우트 기계의 양쪽에 질량이 각각 m_1, m_2 인 물체가 매달려 있다.

(a) 도르래에 질량이 없을 때 계의 가속도를 구하시오.

(b) 도르래의 질량이 M, 반지름이 R 일 때 질량중심에서의 관성모멘트가 $I_{cm} = \frac{1}{2}MR^2$ 이다. 이때 계의 가속도를 구하시오.

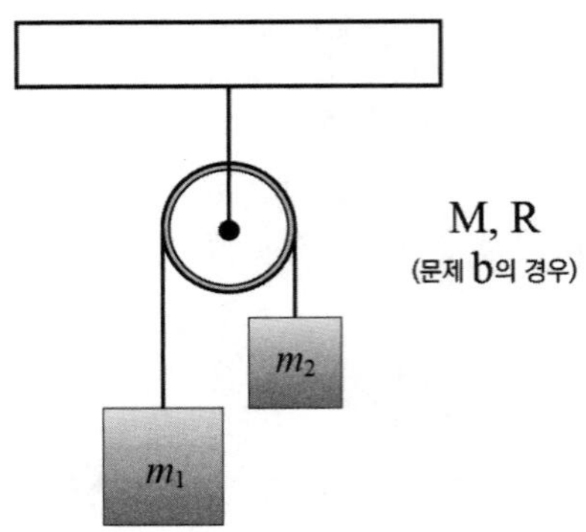

출제영역 강체역학

I 정답 I (a) $a = \dfrac{m_1 g - m_2 g}{m_1 + m_2}$ (b) $a = \dfrac{m_1 g - m_2 g}{m_1 + m_2 + \dfrac{M}{2}}$

필수개념 관성모멘트, 토크, 접선 가속도와 각가속도의 관계

Key Note

평이한 문제이다. 운동 방정식과 토크 방정식을 연립하면 된다.

해설

(a) 운동방정식 $m_1 g - m_2 g = (m_1 + m_2)a$ 에서 $a = \dfrac{m_1 g - m_2 g}{m_1 + m_2}$

(b) 운동방정식 $m_1 g - T_1 = m_1 a$, $T_2 - m_2 g = m_2 a$ 과 토크방정식 $T_1 R - T_2 R = I_{cm}\alpha$,

그리고 $a = R\alpha$ 에서 $a = \dfrac{m_1 g - m_2 g}{m_1 + m_2 + \dfrac{M}{2}}$

02

그림은 n mol의 단원자 이상기체로 구성된 열기관의 열역학적 순환과정에서 압력 P와 부피 V의 관계를 나타낸 것이다. $A \rightarrow B$ 는 등온 팽창 과정이고, $B \rightarrow C$ 는 정압 압축 과정이며, $C \rightarrow A$ 는 정적 과정이다. C 에서의 압력, 부피, 온도를 각각 P_0, V_0, T_0, B 에서의 압력, 부피를 각각 P_0, $10V_0$ 라고 할 때, 다음 물음에 답하시오. 단, 모든 과정은 가역과정이고 기체상수는 R이다.

(a) $A \rightarrow B$ $B \rightarrow C$, $C \rightarrow A$ 의 각 과정 및 전체 순환 과정에서 열기관이 외부에 한 일을 구해 보시오.
(b) $A \rightarrow B$ $B \rightarrow C$, $C \rightarrow A$ 의 각 과정 및 전체 순환 과정에서 외부에서 열기관에 한 일을 구하시오.
(c) 위의 결과로부터 열기관의 열효율 ϵ 를 구하시오.

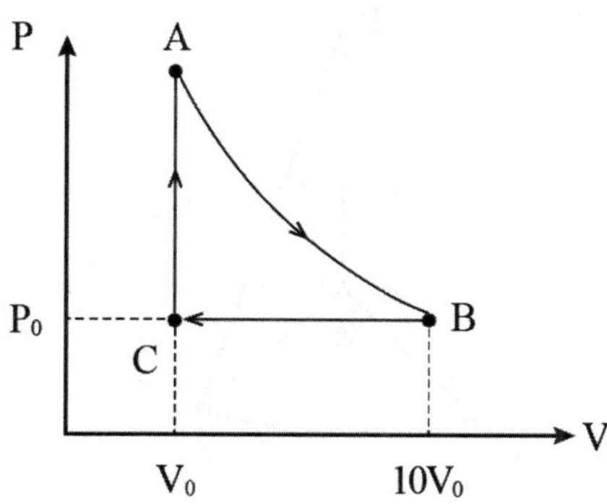

출제영역 열 – 열역학 　　　　| 정답 | (a) 해설 참고 (b) 해설 참고 (c) $\epsilon = \dfrac{10\ln 10 - 9}{10\ln 10 + 27/2}$

필수개념 일, 열량, 열효율

Key Note

평이한 문제이다.

기체가 한 일($W = \int P dV$)을 계산하고, 기체가 흡수한 열량($Q = W + \Delta U$, $Q_{BC} = nc_P \Delta T$, $Q_{CA} = nc_V \Delta T$)을 계산한 후, 열효율 ($\epsilon = \dfrac{W_{net}}{Q_H} = \dfrac{Q_{net}}{Q_H}$)을 구하면 된다.

해설

(a) $W_{AB} = mRT\ln\dfrac{V_f}{V_i} = (10P_0V_0)\ln 10$

$W_{BC} = P_0(-9V_0) = -9P_0V_0$ 　　 $W_{CA} = 0$ 　　 $W_{net} = (10\ln 10 - 9)P_0V_0$

(b) $Q_{AB} = W_{AB} = (10\ln 10)P_0V_0$

$Q_{BC} = nc_P\Delta T = n(\dfrac{5}{2}R)\Delta T = \dfrac{5}{2}P\Delta V = \dfrac{5}{2}P_0(-9V_0) = -\dfrac{45}{2}P_0V_0$

$Q_{CA} = nc_V\Delta T = n(\dfrac{3}{2}R)\Delta T = \dfrac{3}{2}(\Delta P)V = \dfrac{3}{2}(9P_0)V_0 = \dfrac{27}{2}P_0V_0$

$Q_{net} = (10\ln 10 - 9)P_0V_0$

(c) $\epsilon = \dfrac{W_{net}}{Q_H} = \dfrac{Q_{net}}{Q_H} = \dfrac{10\ln 10 - 9}{10\ln 10 + 27/2}$

단 $\ln 10 \simeq 2.3$ 이므로 $\epsilon \simeq \dfrac{23 - 9}{23 + 27/2} = \dfrac{14}{36.5} = \dfrac{28}{73}$

03

그림과 같이 총 전하량 Q 로 대전된 원형 고리막대가 z 축을 중심으로 놓여있다. 원형 고리의 선전하밀도는 λ 이며, 반지름은 F , x 축으로부터 돌아간 거리는 ϕ' , 미소전하량 dq 에서 z 축 상의 점 $P(0,0,z)$ 까지의 거리를 r 이라 하자.

(a) P 점에서의 전위 $V(z)$ 를 구하시오. 또한 $z \gg R$ 인 경우 $V(z)$ 를 근사해보시오.
(b) 원형 고리에 의한 전기장 $E(z)$ 값이 최대가 되도록 하는 z 의 위치 $z_{\max}$ 를 구하시오.

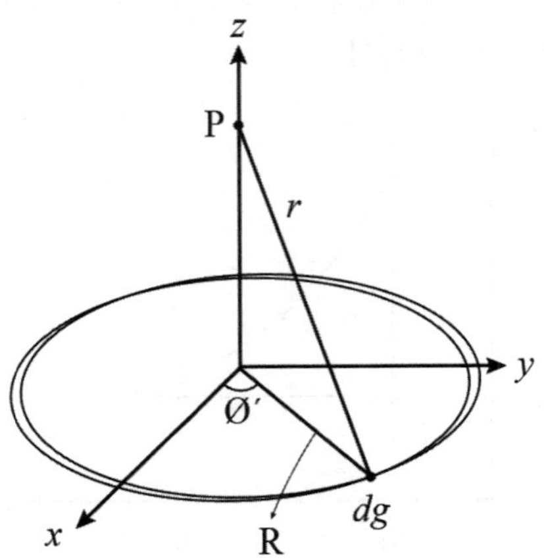

출제영역 전자기학 – 정전기학

I 정답 I (a) $V=\dfrac{1}{4\pi\epsilon_0}\dfrac{Q}{\sqrt{z^2+R^2}}$, $V=\simeq\dfrac{1}{4\pi\epsilon_0}\dfrac{Q}{z}$ (b) $z=\dfrac{R}{\sqrt{2}}$

필수개념 전위, 전기장, 적분

Key Note

전기력선이 비대칭적이므로 가우스 법칙($\oint \vec{E}\cdot d\vec{A}=\dfrac{Q_{in}}{\epsilon}$)에서 구한 전기장으로 전위를 구할 수 없고, 그냥 처음부터 미소 전위 ($V=\dfrac{1}{4\pi\epsilon_0}\int\dfrac{dq}{r}$)를 적분해서 풀어야 한다. 전기장도 미소 전기장($E=\dfrac{1}{4\pi\epsilon_0}\int\dfrac{dq}{r^2}\cos\theta$)을 적분해서 구해야 한다.

해설

(a)

i) $V=\dfrac{1}{4\pi\epsilon_0}\int\dfrac{dq}{r}=\dfrac{1}{4\pi\epsilon_0}\dfrac{Q}{r}=\dfrac{1}{4\pi\epsilon_0}\dfrac{Q}{\sqrt{z^2+R^2}}$

ii) $V=\dfrac{1}{4\pi\epsilon_0}\dfrac{Q}{\sqrt{z^2+R^2}}=\dfrac{1}{4\pi\epsilon_0}\dfrac{Q}{z}(1+\dfrac{R^2}{z^2})^{-\frac{1}{2}}\simeq\dfrac{1}{4\pi\epsilon_0}\dfrac{Q}{z}$

(b)

i) $E=\dfrac{1}{4\pi\epsilon_0}\int\dfrac{dq}{r^2}\cos\theta=\dfrac{1}{4\pi\epsilon_0}\int\dfrac{zdq}{r^3}=\dfrac{1}{4\pi\epsilon_0}\int\dfrac{zQ}{r^3}=\dfrac{1}{4\pi\epsilon_0}\dfrac{zQ}{(z^2+R^2)^{\frac{3}{2}}}$

ii) $\dfrac{dE}{dz}=0$ 에서 $z=\dfrac{R}{\sqrt{2}}$ 이다.

04

보어의 원자 모형에서, 수소 원자핵 주위를 도는 전자의 총 에너지는 다음과 같다. 여기서 $h = 2\pi\hbar$ 이고, h 는 플랑크 상수이다. 양성자와 전자의 전하량은 e 로 같고, 전자의 질량은 m 이다.

$$E_n = -\frac{1}{8\pi\varepsilon_0}\frac{e^2}{r_n}$$

(a) 보어의 각운동량 양자화 조건 $l = rmv = n\hbar$ 를 이용하여 보어 반지름 $r_B = r_1 = a_0$ 을 유도하시오.

(b) 수소 원자의 전자가 $n=2$ 에서 $n=1$ 상태로 전이할 때, 방출되는 광자의 파장을 구하시오.

(c) (b)에서 전자의 전이 시 광자의 방출로 인해 반대방향으로 운동하는 수소원자의 속력을 구하시오. 수소의 질량은 $m_H = m_p + m$ 이다.

출제영역 현대물리 - 원자 모형

| 정답 | (a) 해설 참고 (b) $\lambda = \frac{32\epsilon_0^2 h^3 c}{3me^4}$ (c) $v' = \frac{3me^4}{32\epsilon_0^2 h^2 c m_H}$

필수개념 보어의 가정, 에너지 준위, 광자의 운동량, 운동량 보존 법칙

Key Note

보어의 첫 번째 가정($\frac{1}{4\pi\epsilon_0}\frac{e^2}{r^2} = m\frac{v^2}{r}$), 두 번째 가정($rmv = n\hbar$)을 연립해서 반지름을 구하고, 이를 역학적 에너지($E_n = -\frac{ke^2}{2r_n}$)에 대입해서 에너지 준위를 구해야 한다. 그리고 세 번째 가정($E_고 - E_저 = \frac{hc}{\lambda}$)을 이용하여 발생하는 광자의 에너지를 구한다.

해설

(a)

i) 원운동방정식 : $\frac{1}{4\pi\epsilon_0}\frac{e^2}{r^2} = m\frac{v^2}{r}$

ii) 각운동량 양자화 조건 : $rmv = n\hbar$

iii) 두 식을 v^2 에 대해 정리하면 $v^2 = \frac{ke^2}{mr} = \frac{n^2\hbar^2}{r^2m^2}$ 이므로 $r = \frac{n^2\hbar^2}{mke^2}$ 이다.

그러므로 보어 반지름은 $r_B = \frac{\hbar^2}{mke^2} = \frac{4\pi\epsilon_0\hbar^2}{me^2}$

(b)

i) 에너지 준위 : $E_n = -\frac{ke^2}{2r_n} = -\frac{mk^2e^4}{2n^2\hbar^2} = -(\frac{1}{4\pi\epsilon_0})^2\frac{me^4}{2n^2\hbar^2}$

ii) 천이 조건에 의해 $\frac{3}{4}(\frac{1}{4\pi\epsilon_0})^2\frac{me^4}{2\hbar^2} = \frac{hc}{\lambda}$ 이므로 $\lambda = \frac{4}{3}(4\pi\epsilon_0)^2\frac{2\hbar^2 hc}{me^4} = \frac{32\epsilon_0^2 h^3 c}{3me^4}$

(c) 운동량 보존 법칙 $0 = -m_H v' + \frac{h}{\lambda}$ 에서 $v' = \frac{h/\lambda}{m_H} = \frac{3me^4}{32\epsilon_0^2 h^2 c\, m_H}$

2022년 고려대학교 총평

3년연속 같은 영역에서 출제되었다. 이번에도 파동파트는 출제되지 않았다.
질점역학과 전자기학, 현대물리 셋 다 평이한 문제가 출제되었다.
한 번도 출제된 적이 없는 통계역학이 출제되었다. 다행이 문제에서 정보를 많이 주었기 때문에 풀어낼 수 있다.
2020학년도에 문제 난이도 피크를 찍고 서서히 쉽게 출제가 되고 있다. 그러나 전영역에서 골고루 출제가 되고 있고, 특히 영자역학은 전공 수준으로 출제가 되므로 편식없이 공부하는 것이 중요하다.

고려대학교 편입
기출 문제 및 해설

01

정지해 있던 질량 $1kg$의 나무토막이 운동마찰계수가 0.1인 빗면을 따라 내려온 후 마찰이 없는 수평면을 지나 탄성계수가 $180N/m$인 용수철과 충돌한다. 빗면의 높이는 $10m$, 지면과의 각도는 $45°$, 중력 가속도는 $10m/s^2$이다. 다음의 물음에 답하시오.

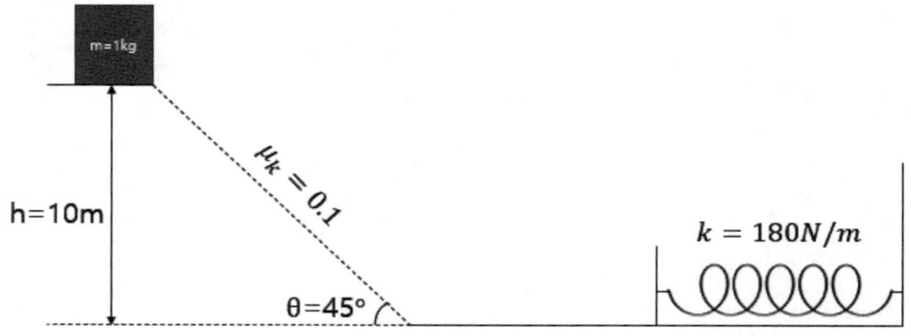

(a) 빗면을 내려온 후 용수철과 충돌하기 전 토막의 운동 에너지를 구하시오.

(b) 충돌 후 표면에 마찰이 없다면, 용수철은 얼마나 압축되었는가?

(c) 충돌 후 운동 마찰 계수가 μ_{k_2} 라면, 용수철의 최대 압축 거리를 그림에 나온 변수를 이용하여 표현하시오.

출제영역 질점역학 – 일과 에너지 | 정답 | (a) 90J (b) 1m (c) $x = \dfrac{-\mu_{k2}mg + \sqrt{(\mu_{k2}mg)^2 + 2mghk(1-\mu_k)}}{k}$

필수개념 중력 퍼텐셜 에너지, 탄성 퍼텐셜 에너지, 운동 에너지, 총 에너지 보존 법칙

Key Note

평이한 문제이다. 운동 마찰력에 의한 열 손실($\mu_k N \times x$)을 고려해서 총 에너지 보존 법칙을 적용하면 된다.

해설

(a) 총에너지 보존 법칙을 적용하면

$$mgh = \mu_k mg\cos\theta \times l + \frac{1}{2}mv^2 \Rightarrow \frac{1}{2}mv^2 = 1\times 10\times 10 - 0.1\times 1\times 10\times \frac{1}{\sqrt{2}}\times 10\sqrt{2} = 90J$$

(b) 역학적 에너지 보존 법칙을 적용하면

$$\frac{1}{2}mv^2 = \frac{1}{2}kx^2 \Rightarrow x = \sqrt{\frac{2}{k}KE} = \sqrt{\frac{2}{180}\times 90} = 1m$$

(c) 총에너지 보존 법칙을 적용하면

$mgh - \mu_k mg\dfrac{1}{\sqrt{2}}\times\sqrt{2}h = \dfrac{1}{2}mv^2$ 과 $\dfrac{1}{2}mv^2 = \dfrac{1}{2}kx^2 + \mu_{k2}mgx$ 에서

$mgh - \mu_k mg\dfrac{1}{\sqrt{2}}\times\sqrt{2}h = \dfrac{1}{2}kx^2 + \mu_{k2}mgx$ 이므로

$$\Rightarrow kx^2 + 2\mu_{k2}mgx - (2mgh - 2\mu_k mgh) = 0$$

$$\Rightarrow x = \frac{-\mu_{k2}mg + \sqrt{(\mu_{k2}mg)^2 + 2mghk(1-\mu_k)}}{k}$$

02

구별 불가능한 총 $N=9$의 기체 분자가 단열상자에 들어있다. 아래 그림과 같이 단열상자를 부피가 동일하게 세 파트로 나눴을 때, 각 부분에 있는 분자의 개수를 각각 n_1, n_2, n_3이라 하자. 이 경우 미시상태의 수(경우의 수)는 $w=\dfrac{N!}{n_1!n_2!n_3!}$로 주어진다. 초기 상태($i$)와 최종 상태($f$)의 엔트로피 차 ($\Delta S = S_f - S_i$)를 구해 보시오.

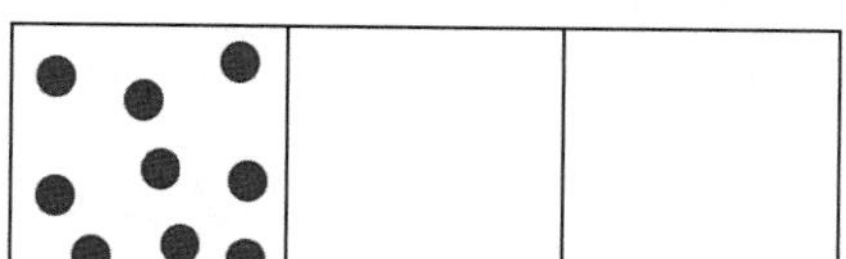

출제영역 열 - 열역학

필수개념 볼츠만의 엔트로피

| 정답 | $k\ln1680$

Key Note

처음 출제된 문제 유형이다. 그러나 기본 공식이 제시되어 있어서 풀 수 있다. 상자 속 기체가 가질 수 있는 경우의 수를 $w=\dfrac{N!}{n_1!n_2!n_3!}$를 이용하여 구한 후, 볼츠만의 엔트로피($S=k\ln w$)에 대입한다.

해설

i) $w_i=\dfrac{9!}{9!}=1$ 에서 $S_i=k\ln w=k\ln1=0$

ii) $w_f=\dfrac{9!}{3!3!3!}=\dfrac{9\cdot8\cdot7\cdot6\cdot5\cdot4\cdot3\cdot2\cdot1}{3\cdot2\cdot1\cdot3\cdot2\cdot1\cdot3\cdot2\cdot1}=7\cdot6\cdot5\cdot4\cdot2=1680$ 에서 $S_i=k\ln w=k\ln1680$

iii) $\Delta S=S_f-S_i=k\ln1680$

03

그림과 같이 3개의 동심원호와 직선으로 이루어진 도선에 전류 i가 흐르고 있다. 각 동심원호의 반지름은 $R, 2R, 3R$이다. 다음 질문에 답하시오.

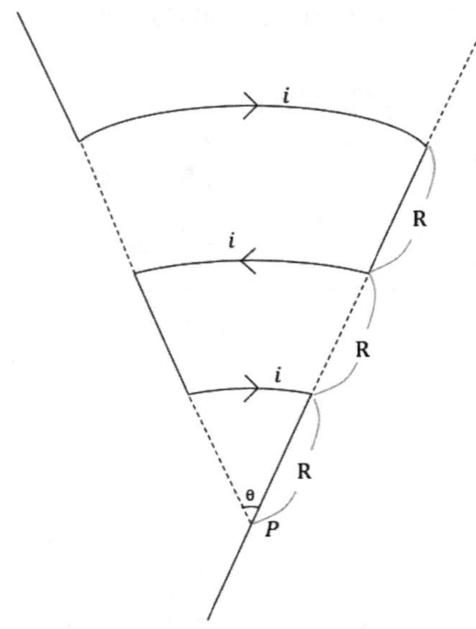

(a) Biot−Savart 법칙 $d\vec{B}=\frac{\mu}{4\pi}\frac{id\vec{s}\times\vec{r}}{r^3}$을 사용하여, 반지름이 R인 동심원호 하나가 점 P에 만드는 자기장의 크기를 구하시오.

(b) 점 P에서 자기장의 크기를 θ로 표현하고 자기장의 방향을 구하시오.

출제영역 전자기학 - 정자기학

I 정답 I (a) $\frac{\mu i\theta}{4\pi r}$ (b) $-\frac{5\mu i\theta}{24\pi R}$

필수개념 비오-사바르 법칙

Key Note

자기력선이 대칭성이 없는 경우이므로 암페어 법칙으로 풀 수 없고, 오직 비오-사바르 법칙($d\vec{B}=\frac{\mu_0 I}{4\pi}\frac{d\vec{l}\times\hat{r}}{r^2}$)으로 풀어야 한다. 특히 부채꼴 도선에 의한 자기장($B_{부채꼴}=\frac{\mu_0 I}{2r}\times$ 비율)을 유도할 줄 알거나, 이 결과를 외우고 있다면, 답을 쉽게 구할 수 있다.

해설

(a) $dB=\frac{\mu}{4\pi}\frac{ids}{r^2}$ 에서 $B=\frac{\mu i}{4\pi}\int\frac{ds}{r^2}=\frac{\mu i}{4\pi}\frac{1}{r^2}\int ds=\frac{\mu i}{4\pi}\frac{s}{r^2}=\frac{\mu i}{4\pi}\frac{r\theta}{r^2}=\frac{\mu i}{2r}\frac{\theta}{2\pi}$

(b) $B=-\frac{\mu i}{2R}\frac{\theta}{2\pi}+\frac{\mu i}{2(2R)}\frac{\theta}{2\pi}-\frac{\mu i}{2(3R)}\frac{\theta}{2\pi}=-\frac{5}{6}\frac{\mu i}{2R}\frac{\theta}{2\pi}$ (들어가는 방향)

04

일차원 운동하는 입자에 대한 슈뢰딩거 방정식은 $\frac{d^2\psi(x)}{dx^2}+\frac{8\pi^2 m}{h^2}[E-U(x)]\psi(x)=0$ 이다. 여기서 $\psi(x)$는 파동함수, m은 입자의 질량, h는 플랑크 상수, E는 입자의 에너지, U는 퍼텐셜 에너지이다. 입자가 다음과 같은 무한 퍼텐셜 우물 $U(x)$에 속박되어 있을 때, 질문에 답하시오.

$$U(x)=\begin{cases}\infty & x<0\\ 0 & 0\le x<L\\ \infty & x\ge L\end{cases}$$

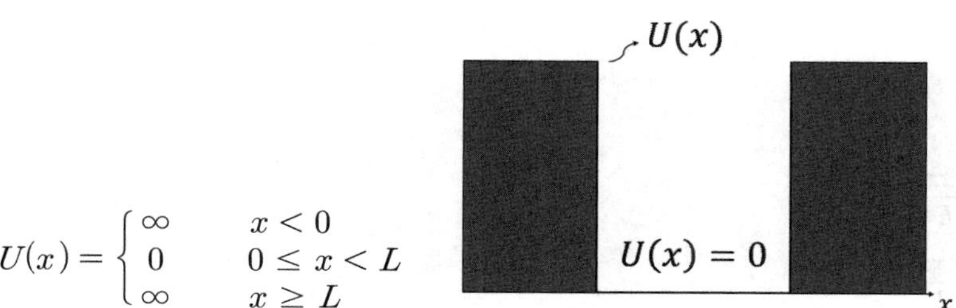

(a) 경계조건 $\psi(0)=\psi(L)=0$을 이용하여 규격화된 파동함수 $\psi(x)$를 구하시오

(b) 첫 번째 들뜬 상태 $(n=2)$에서 확률밀도 $\psi^2(x)$를 그려보시오.

(c) 두 번째 들뜬 상태 $(n=3)$에서 첫 번째 들뜬 상태 $(n=2)$로 전이가 일어날 때, 두 에너지 준위의 차이에 해당하는 에너지를 갖는 광양자가 방출된다. 광자의 파장을 계산하시오.

단, $L=100pm$, $m=0.18MeV/c^2$ (c는 빛의 속도)이다. 계산상 편의를 위해 $hc=1.2MeV\cdot pm$을 사용해도 좋다.

출제영역 현대물리 – 양자역학

| 정답 | (a) $A\sin\frac{n\pi x}{L}$ (b) $|\sqrt{\frac{2}{L}}\sin\frac{2\pi x}{L}|^2$ (c) $2400pm$

필수개념 슈뢰딩거 방정식, 파동함수, 규격화, 확률밀도, 에너지 준위, 광양자 가설

Key Note

아주 유명한 무한 퍼텐셜 우물 문제가 출제가 되었다. 슈뢰딩거 방정식($\frac{d^2\psi(x)}{dx^2}+\frac{8\pi^2 m}{h^2}E\psi(x)=0$)을 풀어서 해와 에너지를 구하면 된다.

해설

(a)

i) 시도해 구하기 : $\frac{d^2\psi(x)}{dx^2}+\frac{8\pi^2 m}{h^2}E\psi(x)=0 \leftarrow k^2\equiv\frac{8\pi^2 m}{h^2}E$

$\Rightarrow \frac{d^2\psi(x)}{dx^2}+k^2\psi(x)=0$

$\Rightarrow$ 시도해 : $\psi(x)=A\sin kx+B\cos kx$

ii) 경계조건 $\psi(0)=0$ 대입 :

$\Rightarrow \psi(0)=0+B=0$

$\Rightarrow \psi(x)=A\sin kx$

iii) 경계조건 $\psi(L)=0$ 대입 :

$\Rightarrow \psi(L)=A\sin kL=0$

$\Rightarrow kL=n\pi$, 단 $n=1,2,3,...$

$\Rightarrow \psi(x)=A\sin\frac{n\pi x}{L}$

iv) 규격화 : $1=\int_{-\infty}^{\infty} dx|\psi(x)|^2$

$$\Rightarrow 1=\int_{-\infty}^{\infty} dx|A\sin\frac{n\pi x}{L}|^2 = A^2\int_0^L dx\sin^2\frac{n\pi x}{L}$$

$$=\frac{A^2}{2}\int_0^L dx\,(1-\cos\frac{2n\pi x}{L})=\frac{A^2}{2}[x-\frac{L}{2n\pi}\sin\frac{2n\pi x}{L}]_0^L$$

$$=\frac{A^2}{2}(L-0)$$

$$\Rightarrow A=\sqrt{\frac{2}{L}}$$

$$\Rightarrow \psi(x)=\sqrt{\frac{2}{L}}\sin\frac{n\pi x}{L}$$

(b) $|\psi_2(x)|^2=|\sqrt{\frac{2}{L}}\sin\frac{2\pi x}{L}|^2$

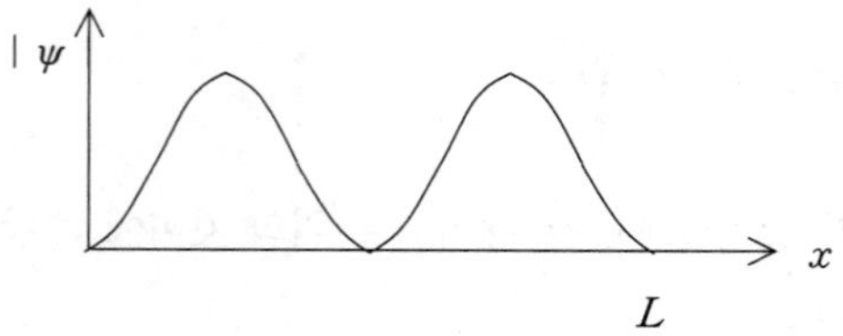

| ψ

x

L

(c) $kL=n\pi$ 과 $k^2\equiv\frac{8\pi^2 m}{h^2}E$ 에서 $E=\frac{h^2}{8\pi^2 m}\frac{n^2\pi^2}{L^2}=\frac{n^2h^2}{8mL^2}$ 이므로 $\Delta E=\frac{5h^2}{8mL^2}=\frac{hc}{\lambda}$ 이다.

그러므로 광자의 파장은 $\lambda=\frac{8mL^2hc}{5h^2}=\frac{8mL^2c^2}{5hc}=\frac{8(100pm)^2(0.18MeV)}{5(1.2MeV\cdot pm)}=2400pm$

2023년 고려대학교 총평

역학문제는 강체역학과 연결된 문제 유형으로 출제가 되었고, 열역학 문제는 열역학 법칙(에너지 보존, 엔트로피)에서 출제가 되었으며, 적분형태의 문제로 전기장의 가우스 법칙, 자기장의 비오·사바르 법칙의 형태로 출제 되었다. 현대물리는 슈뢰딩거의 양자우물 그리고 보어의 원자모형 문제가 퐁당퐁당 한번씩 출제가 되고 있다.

고려대학교 편입
기출 문제 및 해설

01

전기용량 C를 갖는 축전기 4개, 저항값 R을 갖는 저항 4개, 스위치 S, 그리고 기전력ε의 이상적인 전지로 이루어진 회로가 있다. 다음 물음에 답하시오.

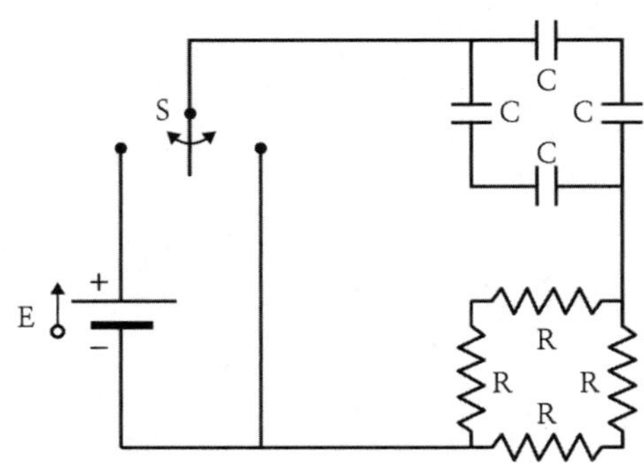

(a) 회로의 등가 전기용량 C_{eq}와 등가 저항 R_{eq}를 구하시오.

(b) 스위치를 전지 쪽으로 닫아서 축전기에 걸리는 전압이 변하지 않을 때까지 충분히 충전한 후, 시간 t=0에 스위치를 반대쪽으로 닫았다. 이때 스위치에 흐르는 전류의 크기 i를 시간 t의 함수로 구하시오.

(c) $C = 100\mu F, R = 10\,K\Omega, \varepsilon = 10\,V$일 때 알맞은 i(t)의 그래프를 고르시오.

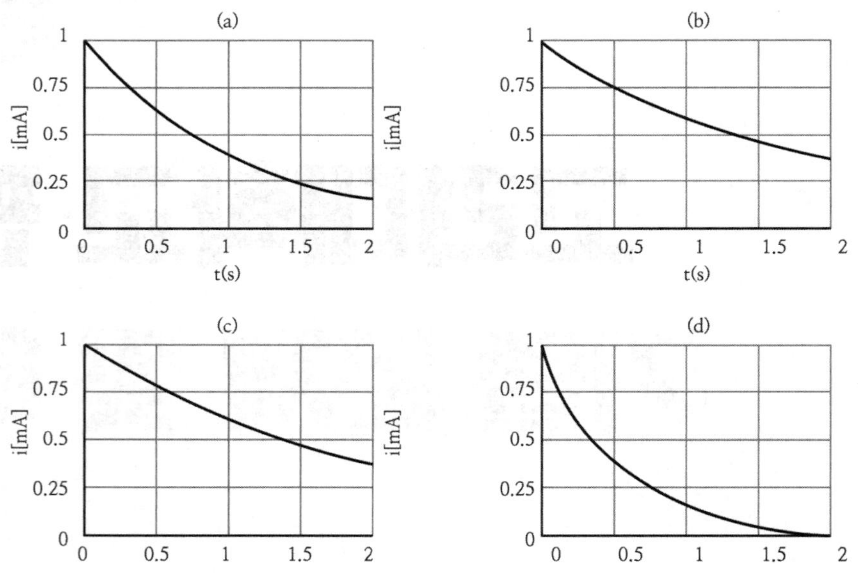

(d) 유전상수 $\kappa = 2$인 물질이 각 축전기와 극판 사이에 채워졌을 경우 알맞은 i(t)의 그래프를 (c)의 보기에서 고르시오.

출제영역 RC회로

| 정답 | (a) 합성전기용량 C, 합성저항 R (b) $i = e^{-\frac{t}{RC}} \times \frac{\varepsilon}{R}$ (c) (a) (d) (b)

필수개념 합성 전기용량 구하기, 합성저항 구하기, 용량 시간상수

Key Note

충전방정식과 방전방정식에 대한 이해

해설

(a) $C_{eq} = C$, $R_{eq} = R$

(b) $I = \frac{\varepsilon}{R} \cdot e^{-\frac{t}{RC}}$

(c) $I = \frac{10}{10000} e^{-\frac{t}{10^4 \Omega \times 10^{-4} F}} = \frac{1}{1000} e^{-t}$

1초 $\frac{1}{e} \simeq 0.37$

$\therefore$ (a)

(d) $C = \varepsilon_0 \frac{S}{d}$

원래 유전 상수가 1이었다면 $c = 200\mu F$

$I = \frac{\varepsilon}{R} \times e^{-\frac{t}{2}} A$

2초 일 때 $0.37mA$

$\therefore$ (b)

02

대부분의 핵종은 무작위적으로 입자를 방출하고 다른 핵종으로 변환되는 방사성 붕괴를 한다. 주어진 시료에서 어떠한 핵이 언제 붕괴할지는 예측할 수 없다. 하지만, 모든 핵이 똑같은 붕괴 기회를 가지므로 붕괴 법칙을 통계적으로 이해할 수 있다. 다음 물음에 답하시오.

(a) 시간 t=0일 때 N_0개의 불안정한 핵이 존재한다. 붕괴상수가 λ라면, 시간 t일 때 남아있는 핵의 개수 N을 유도하시오.

(b) $\lambda = \ln 2\, s^{-1}$일 때, 반감기 $T_{1/2}$를 구하시오.

(c) 이 핵이 속력 $v = \frac{\sqrt{3}}{2}c$ 로 움직이고 있을 때 (c는 광속), 정지하고 있는 관찰자가 측정한 반감기 $T_{1/2}{}'$를 구하시오.

출제영역 핵물리

필수개념 반감기, 상대성 원리

| 정답 | (a) $N = N_0 e^{-\lambda t}$ (b) $1s$ (c) $2s$

Key Note

붕괴상수를 이용하여 반감기를 구하는 과정을 이해하고 상대성 원리의 시간 지연을 이용하여 로렌츠 인자를 구해서 반감기를 구한다.

해설

(a) $N = N_0 e^{-\lambda t}$

(b) $\frac{N_0}{2} = N_0 \cdot e^{-\ln 2 s^{-1} \times t}$

$\frac{1}{2} = \frac{1}{e^{\ln 2 s^{-1} \times t}}$

$2 = e^{\ln 2 s^{-1} \times t}$

$\ln 2 = \ln 2 s^{-1} \times t$

$t = 1s$

(c) 시간 지연 $\sqrt{1 - \frac{\frac{3}{4}c^2}{c^2}} = \frac{1}{2} = \frac{1}{\gamma}$, $\quad t' = \gamma t = 2s$

03

그림과 같이 안쪽과 바깥쪽에 각각 반지름 r_1, r_2인 두 원형 고리 모양의 바퀴가 서로 맞닿아 회전한다. 두 바퀴는 각각 고정된 중심축에 대해 회전하고, 두 바퀴는 접촉면에서 서로 미끄러지지 않고 구른다. $r_1 \le r_2$이다. 두 바퀴는 선밀도 $\lambda = 10^2 g/cm$인 동일한 재질로 만들어졌다. 바퀴의 두께는 무시한다.

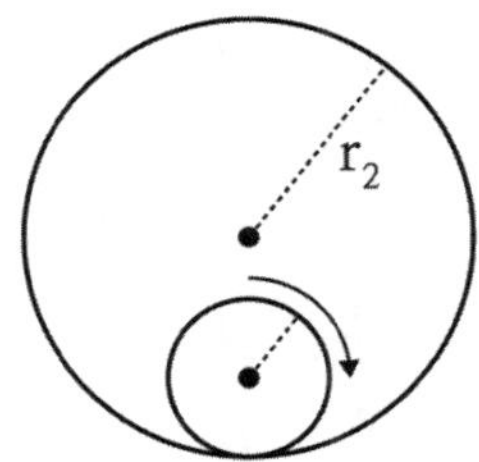

(a) $r_1 = 10cm, r_2 = 30cm$일 때, 안쪽 바퀴가 시계방향으로 3바퀴 회전하는 동안 바깥쪽 바퀴는 어느 방향으로 몇 바퀴 회전하는가?

(b) 안쪽 바퀴의 중심축에 일정한 일률로 작동하는 모터를 연결하여 (a)의 장치를 구동하였다. 정지 상태로부터 바깥쪽 바퀴의 각속도가 $\omega_2 = 20\pi rad/s$인 상태로 가속하는데 10초가 소요되었다. 이 모터의 일률(power)은 얼마인가?

(c) 정해진 총량의 바퀴 재료를 모두 사용하여 (b)의 방법으로 바깥쪽 바퀴를 원하는 각속도까지 가장 빠르게 가속할 수 있는 장치를 설계하고자 한다. 주어진 재료의 총 길이가 $L = 80\pi cm$일 때, 가장 효율적인 설계의 바퀴 반지름 r_1과 r_2는 각각 얼마인가?

출제영역 회전역학 | 정답 | (a) 1바퀴 회전 (b) $28.8\pi^3\ W$ (c) $r_1 = 0.2m$

필수개념 토크, 일률, 회전관성, 접선가속도, 각가속도

Key Note

회전역학

해설

(a) 선밀도 $\lambda = \frac{m}{l}$, $m = \lambda l$, $2\pi r_1 = 20\pi\, cm$, $2\pi r_2 = 60\pi\, cm$이므로

반지름이 r_1인 바퀴가 시계방향으로 3바퀴 도는 동안 반지름이 r_2인 바퀴는 시계방향으로 1바퀴 회전한다.

(b) 일률 $P = \tau w$, 토크 $\tau = r \times F$, 회전관성 $I = \frac{1}{2}MR^2$, $F = ma = m \cdot r\alpha$

$M = 60\pi\, cm \times 10^2 g/cm = 6\pi \times 10^3 g$

$m = 20\pi\, cm \times 10^2 g/cm = 2\pi \times 10^3 g$

반지름 r_2의 $\alpha_2 = 2\pi\, rad/s^2$, $a_2 = r_2\alpha_2 = 30cm \times 2\pi\, rad/s^2 = 0.6\pi\, m/s^2$

반지름 r_1의 $\alpha_1 = 6\pi\, rad/s^2$, $a_1 = r_1\alpha_1 = 10cm \times 6\pi\, rad/s^2 = 0.6\pi\, m/s^2$

$F_1 = ma_1 = 2\pi kg \times 0.6\pi\, m/s^2 = 1.2\pi^2(N)$

$F_2 = ma_2 = 6\pi kg \times 0.6\pi\, m/s^2 = 3.6\pi^2(N)$

$\sum F = 4.8\pi^2(N)$

$\tau = r \times F = 0.1m \times 4.8\pi^2 N = 0.48\pi^2\, N{\cdot}m$

$P = \tau w = 0.48\pi^2 \times w = 0.48\pi^2 \times 60\pi = 28.8\pi^3\, J/s$

(c) 가질 수 있는 τ는 일정하므로

$\tau = r \times F = r \cdot ma = r \cdot m \cdot r\alpha = m{r_1}^2 \alpha_1,\ \alpha_1 = \dfrac{\tau}{m{r_1}^2}$

$2\pi r_2 = 80\pi\, cm - 2\pi r_1$

$r_2 = 40cm - r_1$

$\alpha_2 : \alpha_1 = r_1 : 0 - r_1\ ,\quad \alpha_1 = \dfrac{\alpha_2(0.4 - r_1)}{r_1}$

$\dfrac{\alpha_2(0.4 - r_1)}{r_1} = \dfrac{\tau}{m{r_1}^2},\quad \alpha_2 = \dfrac{\tau}{(0.4 - r_1) m r_1}$

$\dfrac{1}{(0.4 - r_1)\, r_1}$의 최소값 $r_1 = 0.2m$

04

맑은 날 지표면에 도달하는 태양 복사의 세기(intensity)는 근사적으로 $I_{태양} = 1.0k\,W/m^2$이다. 그림과 같이 한쪽 반구 내부에 거울 코팅이 되어있는 밀폐된 구형 유리 집광기를 만들었다. 집광기의 반지름은 R=1m이고 열전도상수 $k = 1.0\,W/m \cdot K$인 재질로 만들어져있다. 집광기 내부는 헬륨(He) 기체로 채워져 있고, 입사되는 태양 복사 에너지의 80%가 집광기 내부로 흡수된다.

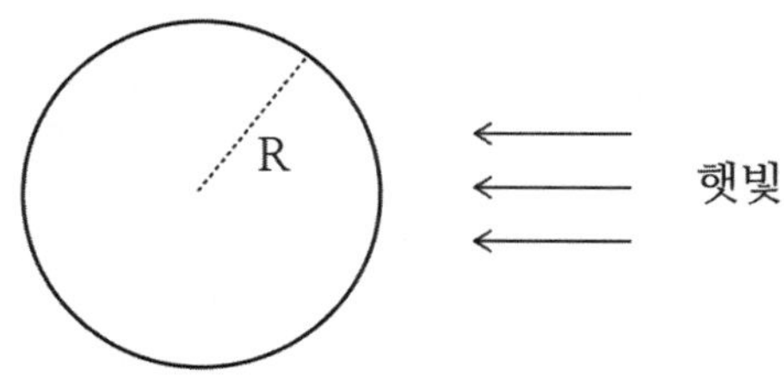

(a) 기온이 섭씨 영상 7° 인 맑은 겨울날 정오에 집광기의 내부 온도는 섭씨 27° 이고 이때 태양 복사와 집광기 안팎 온도차에 의한 열전도가 일시적으로 열적 평형 상태를 이루었다. 집광기의 두께 d는 얼마인가?

(b) 같은 날 자정(밤 12시)에 집광기 내부 온도가 기온과 같은 섭씨 영하 3° 까지 떨어졌다. 이날 정오와 자정의 집광기 내부 헬륨 기체 분자의 평균자유거리(mean free path)의 비 $\lambda_{정오}/\lambda_{자정}$은 얼마인가? 단, 집광기의 열팽창은 무시한다.

출제영역 기체 운동론

ㅣ정답ㅣ (a) $\dfrac{\pi}{40-\pi}$ (b) $\dfrac{\lambda_{정오}}{\lambda_{자정}} = \dfrac{28}{27}$

필수개념 열전도, 평균자유거리

Key Note

단위시간동안 전달되어지는 열에너지의 양을 구하고 평균자유거리를 구하는 식을 이해한다.

해설

(a) $P = \dfrac{Q}{t} = kA\dfrac{dT}{dr}$

$dT = \dfrac{P}{kA}dr$ 양변적분하면

$\int dT = \int \dfrac{P}{kA}dr = \int \dfrac{P}{k(\pi r^2)}dr = \dfrac{P}{k\pi}\int r^{-2}dr$

$20 = \dfrac{P}{k\pi}\left[-\dfrac{1}{r}\right]_1^r$

$r = \dfrac{40}{40-\pi}$ 이므로 두께는 $r-1 = \dfrac{40}{40-\pi} - 1 = \dfrac{\pi}{40-\pi}$

(b) $\lambda = \dfrac{kT}{\sqrt{2}(4\pi r^2)P}$

$\dfrac{\lambda_{정오}}{\lambda_{자정}} = \dfrac{T_{정오}}{T_{자정}} = \dfrac{7+273}{-3+273} = \dfrac{280K}{270K} = \dfrac{28}{27}$

2024년 고려대학교 총평

이번 시험에서는 열역학 문제가 빠지고 파동 문제가 등장한 것이 차이가 있으나 전체 문제 유형이나 난이도는 예년과 비슷합니다. 역학과 파동 문제는 실수하지 않았다면 어렵지 않게 풀 수 있고, 전자기학과 현대 물리는 작은 문제 하나 정도가 조금 어려울 수 있습니다. 문제를 접근하고 풀이를 하는 방식이 대부분 수업에서 강조한 것들이라 수업을 잘 정리하고 반복하여 자신의 것으로 만든 수험생은 높은 점수를 받았을 것으로 판단됩니다.

고려대학교 편입

기출 문제 및 해설

※ 모든 문제는 설명 없이 답만 적은 경우, 답이 맞더라도 영점 처리합니다.

01

그림과 같이 정지해 있던 질량 $m = 2\,\mathrm{kg}$의 물체가 마찰이 없는 빗면을 따라 내려온 후, 운동마찰계수 $\mu_k = 0.1$인 수평면을 지나 빗면으로부터 $38\,\mathrm{m}$ 떨어져 있는 탄성계수가 $k = 2\ \ \mathrm{N/m}$인 용수철과 부딪힌다. 빗면에서 물체의 출발점 높이는 $5\,\mathrm{m}$, 지면과의 각도는 $45\,°$, 중력가속도는 $10\,\mathrm{m/s^2}$이다. (단, 물체의 크기는 무시한다.)

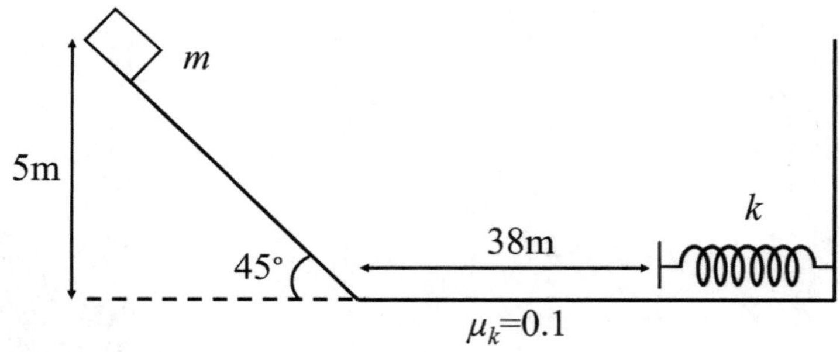

(a) 빗면을 내려온 직후 물체의 속력을 구하시오.

(b) 물체와 용수철의 충돌 후 용수철이 얼마나 압축되었는지 구하시오.
(참고 : 압축 과정에서도 마찰력은 계속 작용한다.)

출제영역 역학적 에너지 보존 | 정답 | (a) $10\,\mathrm{m/s}$ (b) $4\,\mathrm{m}$

필수개념 운동에너지, 중력퍼텐셜 에너지, 탄성퍼텐셜 에너지, 마찰력에 의한 일

Key Note

중력퍼텐셜 에너지가 운동에너지로 전환될 수 있으며, 운동에너지는 다른 형태의 에너지로 전환될 수 있음을 이해하고 특정 물리량을 구할 수 있는지를 묻는 문항이다.

해설

(a) 마찰이 없는 빗면을 내려오는 물체의 역학적 에너지 보존에 의해

$$mgh = \frac{1}{2}mv^2$$

의 관계를 얻을 수 있으며, 이로부터 빗면을 내려온 직후 물체의 속력

$$v = \sqrt{2gh} = \sqrt{2 \times 10\,\mathrm{m/s^2} \times 5\,\mathrm{m}} = 10\,m/s$$

을 구할 수 있다.

(b) 마찰이 있는 수평면 $38\,\mathrm{m}$를 이동하고서 용수철과 충돌하는 과정에서 용수철을 압축하는 길이를 x라고 하면, 물체의 운동 과정을 다음과 같이 분류할 수 있다.

▶ 운동에너지 (전체 역학적 에너지) $= \frac{1}{2}mv^2$

▶ 마찰력이 있는 수평면 $38\,\mathrm{m}$를 이동하면서 운동 마찰력이 한 일 $= \mu_k mg \times (38\,\mathrm{m})$

▶ 마찰력이 있는 수평면 $x\,\mathrm{m}$를 이동하면서 운동 마찰력이 한 일 $= \mu_k mgx$

▶ 용수철에 저장된 탄성 퍼텐셜 에너지 $= \frac{1}{2}kx^2$

위와 같은 운동 과정을 이용해 역학적 에너지 보존 법칙에 적용하면

$$\frac{1}{2}mv^2 = \mu_k mg \times (38\,\mathrm{m}) + \mu_k mgx + \frac{1}{2}kx^2$$

이고, 숫자를 대입해 정리하면 $x^2 + 2x - 24 = 0$의 관계식을 얻는다.
이를 정리하면 $(x+6)\times(x-4) = 0$이므로 물체가 용수철을 압축한 길이는 $x = 4\,\mathrm{m}$가 된다.

02

그림과 같이 양끝이 열려있는 길이 $50\,\mathrm{cm}$의 속이 빈 원형 파이프 D와 음파를 생성하는 스피커 S가 있다. 스피커 S에서 나오는 음파의 주파수가 $100\,\mathrm{Hz}$에서 $2000\,\mathrm{Hz}$까지 발생 가능하다고 할 때, 다음 질문에 답하시오.
(단, 파이프 내 음파의 속력은 $v = 300\,\mathrm{m/s}$이다.)

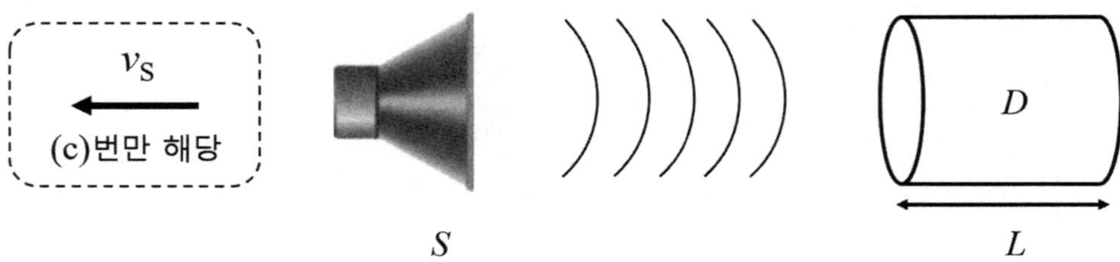

(a) 스피커로부터 나온 음파가 파이프 안에서 공명을 일으킬 수 있는 주파수는 총 몇 개인지 구하시오.

(b) (a)에서 구한 주파수 중 가장 낮은 주파수를 구하시오.

(c) 그림에서 볼 수 있듯이 스피커가 파이프로부터 속력 $v_S = 100\,\mathrm{m/s}$ 로 멀어질 때, 파이프의 $n = 3$번째 공명 주파수를 만족하는 스피커의 주파수를 구하시오.

출제영역 양쪽이 열린 관에서의 공명, 도플러 효과 | 정답 | (a) 6개 (b) $300\,\mathrm{Hz}$ (c) $1200\,\mathrm{Hz}$

필수개념 정상파, 양 끝이 열린 관에서의 공명, 음원이 움직이는 상황에서의 도플러 효과

Key Note

스피커의 주파수(진동수)가 변함에 따라 열린관에서 공명을 일으키는 주파수의 개수와 제일 작은 주파수를 구할 수 있는지를 묻는 문제이다, 특히, 스피커가 이동함에 따라 도플러 효과를 적용하여 특정 주파수를 구하는 과정에서 문제 해결에 대한 응용이 가능한지를 묻는 과정에서 난이도가 높아진 문항이다.

해설

(a) 스피커로부터 나온 음파가 양끝이 열린 파이프 안에서 공명을 일으키는 경우는 다음과 같다.

기본 진동($n=1$)

2배 진동($n=2$)

3배 진동($n=3$)

파이프 내부에서 공명을 일으키는 파장은 $\lambda_n = \dfrac{2L}{n}$로 일반화 시킬 수 있으며, 음파의 속력 $v = f_n\lambda_n$으로부터 $f_n = \dfrac{v}{\lambda_n} = \dfrac{nv}{2L}$의 관계를 얻을 수 있다. $n = \dfrac{2fL}{v}$로부터 스피커의 주파수가 $100\,\mathrm{Hz}$일 때와 $2000\,\mathrm{Hz}$일 때, $n_{100\mathrm{Hz}}$와 $n_{2000\,\mathrm{Hz}}$를 각각 구하면 다음과 같다.

▶ $n_{100\mathrm{Hz}} = \dfrac{2 \times 100\,Hz \times 0.5\,m}{300\,m/s} \approx 0.33$

▶ $n_{2000\,\mathrm{Hz}} = \dfrac{2 \times 2000\,Hz \times 0.5\,m}{300\,m/s} \approx 6.67$

그러므로, 양끝이 열린 관에서 스피커의 주파수가 $100\,\text{Hz} \sim 2000\,\text{Hz}$로 변하는 과정에서 공명을 일으킬 수 있는 상태는 6개 ($n=1,\ 2, \cdots,\ 6$)에 해당하는 공명 주파수가 있음을 알 수 있다.

(b) (a)에서 파장이 $\lambda_1 = 1\,\text{m}$일 때 가장 작은 공명 주파수는 $300\,\text{Hz}$이다.

(c) $n=3$번째 공명 주파수는 $f_3 = \dfrac{3 \times 300\,\text{m/s}}{2 \times 0.5\,\text{m}} = 900\,\text{Hz}$ 가 된다. 스피커가 $100\,\text{m/s}$로 멀어지고 있으므로 파이프에서 $900\,\text{Hz}$로 공명하기 위한 스피커의 주파수 f_S는 $900\,\text{Hz} = \dfrac{300\,\text{m/s}}{300\,\text{m/s} + 100\,\text{m/s}} \times f_S$에서 $f_S = 1200\,\text{Hz}$가 된다.

03

단색빛이 z–축으로 진행하고 있다. 빛의 전기장 벡터는 x–축으로, 자기장 벡터는 y–축으로 진동하여 각각 $\vec{E} = E_m \cos(kz - \omega t)\hat{x}$와 $\vec{B} = B_m \cos(kz - \omega t)\hat{y}$ 라 하자. 여기서 E_m과 $B_m = \frac{E_m}{c}$은 각각 전기장 및 자기장 진폭, $k = \frac{2\pi}{\lambda}$는 이 빛의 파수, 그리고 ω는 각 진동수이다. 진공에서 빛의 속력은 $c = \frac{1}{\sqrt{\epsilon_0 \mu_0}}$이고, ϵ_0, μ_0는 각각 진공 유전율 및 진공 투자율이다.

(a) Poynting 벡터 $\vec{S} = \frac{1}{\mu_0}\vec{E} \times \vec{B}$를 이용하여, $z = 0$에서 진동주기 $T = \frac{2\pi}{\omega}$ 동안 Poynting 벡터 크기의 시간 평균인 빛의 세기 $I = S_{\text{avg}}$를 구하시오.

(b) 지구에서 r만큼 떨어진 북극성이 일률 P_S로 빛을 방출한다. 이때, 지구에서 검출되는 북극성에서 온 빛의 전기장 진폭 E_m을 P_S와 r의 함수로 나타내시오.

(c) 파장 $\lambda = 600\,\text{nm}$인 빛을 이상적인 일률 측정기로 적분시간 $\tau = 1\,\text{s}$에서 측정하여 일률 $P_{\text{ex}} = 1\text{MW}$을 얻었다. 이 검출기로 1초 동안 대략 몇 개의 광자가 검출되는지 구하시오.
(참고 : Plank 상수 $h = 6.6 \times 10^{-34}\,\text{J} \cdot \text{s}$)

| 정답 | (a) $\frac{E_m^2}{2c\mu_0}$ (b) $E_m = \sqrt{\frac{c\mu_0}{2\pi} \cdot \frac{P_S}{r^2}}$ (c) 3.03×10^{24}개

출제영역 진행하는 전자기파의 정량적 이해, 에너지 수송과 Poynting 벡터

필수개념 전기장, 자기장, 전자기파의 속력, Poynting 벡터

Key Note

Poynting 벡터를 이용하여 빛의 세기를 구하는 기본적인 문제에서 부터 전기장의 진폭을 특정 물리량의 관계로 나타낼 수 있는지를 확인하고, 1초 동안 방출되는 광자의 개수를 구하는 응용문제가 출제되었다.

해설

(a) $I = S_{\text{avg}} = \frac{1}{c\mu_0}E_s^2 = \frac{E_m^2}{2c\mu_0}$

(b) $I = \frac{P_S}{4\pi r^2} = \frac{E_m^2}{2c\mu_0}$ 이므로, $E_m = \sqrt{\frac{c\mu_0}{2\pi} \cdot \frac{P_S}{r^2}}$ 이다.

(c) $P_{\text{ex}} = 1\text{MW} = nhf$ 이다. $c = f\lambda$ 이므로 $f = \frac{c}{\lambda} = 0.5 \times 10^{15}\,\text{Hz}$를 대입하여 검출되는 광자의 개수를 구하면

$$n = \frac{P_{\text{ex}}}{hf} = \frac{P_{\text{ex}}}{hc/\lambda} = \frac{10^6\,\text{W}}{(6.6 \times 10^{-34}\text{J} \cdot \text{s}) \times (0.5 \times 10^{15}\,\text{Hz})} \fallingdotseq 3.03 \times 10^{24}\text{ 개}$$

이다.

04

그림과 같이 x축 방향으로 길이가 L이고$(0 < x < L)$ 높이가 무한히 높은 1차원 퍼텐셜 우물 안에 전자 하나가 포획되어 있다. 이 포획된 전자의 n번째$(n = 1, 2, 3, \cdots)$에너지를 갖는 양자 상태는 파동함수 $\Psi_n(x) = A_n \sin(k_n x)$를 이용하여 기술할 수 있고, A_n는 규격화 상수이며, $k_n = \dfrac{2\pi}{\lambda_n}$는 n번째 에너지를 갖는 물질 파동의 파수이다. n번째 에너지 양자 상태를 갖는 전자를 미소 영역 $(x, x+dx)$에서 발견될 확률은 $P_n(x)dx = |\Psi_n(x)|^2 dx$으로 주어지며, $P_n(x)$는 확률 밀도이고, 규격화 조건은 $\int_0^L |\Psi_n(x)|^2 dx = 1$이다.

(단, 전자의 질량은 m, Plank 상수는 h이고, $\sin(A)\sin(B) = \dfrac{1}{2}\{\cos(A-B) - \cos(A+B)\}$이다.)

(a) 전자의 규격화된 파동함수 $\Psi_n(x)$를 구하시오.

(b) 전자가 첫 번째 여기준위 $(n = 2)$에 있다. 이 전자가 $\dfrac{1}{4}L < x < \dfrac{3}{4}L$ 사이에서 발견될 확률을 구하시오.

(c) 전자가 두 번째 여기준위 $(n = 3)$에 있을 때, 에너지를 구하시오.

(d) 전자가 $n = 3$ 준위에서 $n = 2$ 준위로 전이하면서 두 준위 사이의 에너지 차와 같은 에너지를 갖는 광자 하나를 방출한다. 이 과정에서 방출되는 광자의 진동수 f_{32}를 구하시오.

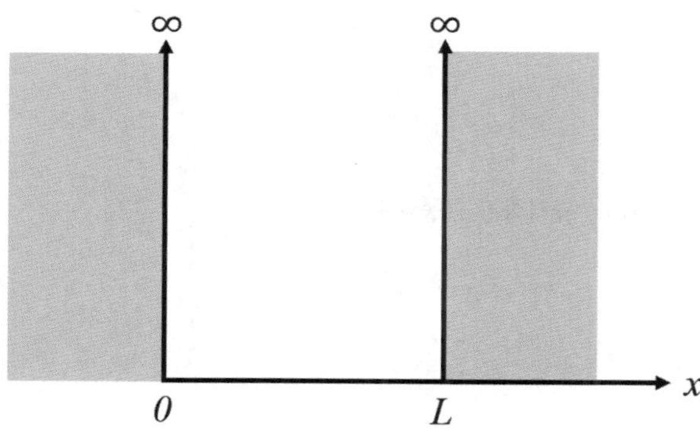

출제영역 현대물리 – 양자역학 | 정답 | (a) $\psi_n(x)=\sqrt{\frac{2}{L}}\sin\left(\frac{n\pi}{L}\right)x$ (b) $\frac{1}{2}$ (c) $\frac{9h^2}{8mL^2}$ (d) $\frac{5h}{8mL^2}$

필수개념 파동함수의 규격화, 에너지 준위, 검출 확률, 전자의 전이

Key Note

1차원 무한 퍼텐셜 우물에 있는 전자의 규격화된 파동함수에서부터 에너지 준위 그리고 발견될 확률을 구하고, 전자가 전이하는 과정에서 방출되는 광자의 진동수를 구하는 문제이다. 이와 같은 문제의 해결 과정을 통해 기본적인 내용의 이해부터 응용이 가능한지 여부를 확인하는 문항이다.

해설

(a) 무한 퍼텐셜 우물에 있는 전자의 상태 n에 대한 파장은 $\lambda_n=\frac{2L}{n}$이므로, 파수는 $k_n=\frac{2\pi}{\lambda_n}=\frac{n\pi}{L}$이다.

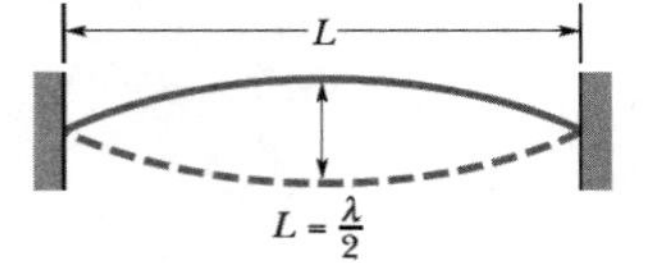

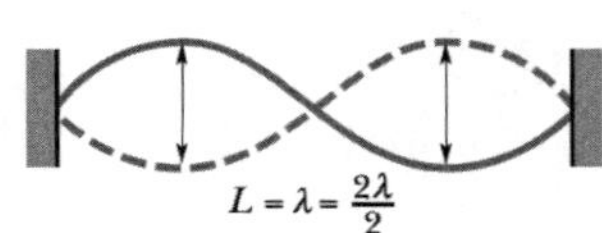

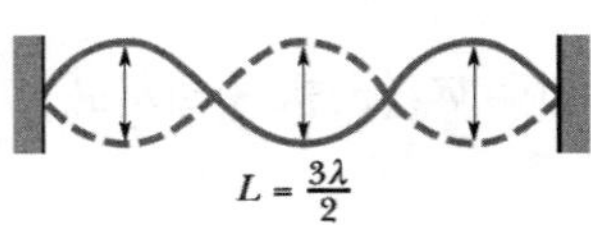

왼쪽에서부터 기본진동, 2배 진동 그리고 3배 진동에 대한 파장을 의미한다.

▶ 전자의 파동함수 : $\Psi_n(x)=A_n\sin(k_nx)=A_n\sin\left(\frac{n\pi}{L}x\right)$ $(n=1,\ 2,\ 3,\cdots)$

▶ 전자의 규격화된 파동함수 : $\int_0^L\psi_n^2(x)dx=A_n^2\int_0^L\sin^2\left(\frac{n\pi}{L}x\right)dx=1$

규격화된 파동함수에서 변수 x를 새로운 변수 y로 바꾸면 $y=\frac{n\pi}{L}x$이고, 따라서 $dx=\frac{L}{n\pi}dy$이다.
새로운 적분구간은 $[0,\ n\pi]$ 이므로 이들을 규격화된 파동함수에 대입하여 정리하면
$A_n^2\frac{L}{n\pi}\int_0^{n\pi}(\sin^2y)dy=1$
가 되며, 문제에서 주어진 조건을 이용하여 적분을 하면
$\frac{A_n^2L}{n\pi}\left[\frac{y}{2}-\frac{\sin 2y}{4}\right]_0^{n\pi}=1$

을 얻는다. 이를 정리하면 $A_n=\sqrt{\frac{2}{L}}$ 가 되며, 규격화된 파동함수
$\psi_n(x)=\sqrt{\frac{2}{L}}\sin\left(\frac{n\pi}{L}\right)x$
를 얻을 수 있다.

(b) $n=2$일 때 전자의 파동함수는 $\psi_2=\sqrt{\frac{2}{L}}\sin\left(\frac{4\pi}{L}x\right)$ 이고, $\frac{1}{4}L<x<\frac{3}{4}L$ 사이에서 전자가 발견된 확률은
$\langle\text{확률}\rangle=\int_{\frac{L}{4}}^{\frac{3}{4}L}\frac{2}{L}\sin^2\left(\frac{4\pi}{L}x\right)dx$ 이다.

$y=\frac{4\pi}{L}x$로 치환하면 $dx=\frac{L}{4\pi}dy$이고, 적분 구간은 $\left[\frac{L}{4},\frac{3}{4}L\right]$에서 $[\pi,\ 3\pi]$가 되므로
$\langle\text{확률}\rangle=\left(\frac{2}{L}\right)\left(\frac{L}{4\pi}\right)\int_\pi^{3\pi}(\sin^2y)dy=\frac{1}{2\pi}\left[\frac{y}{2}-\frac{\sin 2y}{4}\right]_\pi^{3\pi}=\frac{1}{2}$
를 얻는다.

(c) $E_3 = \left(\dfrac{h^2}{8mL^2}\right) \times (3)^2 = \dfrac{9h^2}{8mL^2}$

(d) $\varDelta E_{32} = E_3 - E_2 = hf_{32}$

$$f_{32} = \frac{E_3 - E_2}{h} = \frac{1}{h}\left[\frac{h^2}{8mL^2} \times (3)^2 - \frac{h^2}{8mL^2} \times (2)^2\right] = \frac{5h}{8mL^2}$$